全国计算机等级考试

上机考试习题集

二级 C 语言程序设计

全国计算机等级考试命题研究组　编

南开大学出版社

天　津

内容提要

本书提供了全国计算机等级考试二级C语言机试试题库，分为程序填空题、改错题和编程题3部分。本书配套光盘包含如下主要内容：（1）上机考试的全真模拟环境，可练习书中所有试题，其考题类型、出题方式、考场环境和评分方法与实际考试相同，但多了详尽的答案和解析；（2）书中所有习题答案，可通过屏幕浏览和打印方式轻松查看；（3）考试过程的录像动画演示，从登录、答题到交卷，均有指导教师的全程语音讲解。

本书针对参加全国计算机等级考试二级C语言程序设计的考生，同时也可作为大专院校、成人高等教育以及相关培训班的练习题和考试题使用。

图书在版编目（CIP）数据

全国计算机等级考试上机考试习题集：2011版. 二级C语言程序设计 / 全国计算机等级考试命题研究组编. —10版. —天津：南开大学出版社，2010.12
ISBN 978-7-310-01629-7

Ⅰ.全… Ⅱ.全… Ⅲ.①电子计算机—水平考试—习题②C语言—程序设计—水平考试—习题 Ⅳ.TP3-44

中国版本图书馆CIP数据核字（2009）第190968号

南开大学出版社出版发行
出版人：肖占鹏
地址：天津市南开区卫津路94号　邮政编码：300071
营销部电话：(022)23508339　23500755
营销部传真：(022)23508542　邮购部电话：(022)23502200
＊
河北昌黎太阳红彩色印刷有限责任公司印刷
全国各地新华书店经销
＊
2010年12月第10版　2010年12月第13次印刷
787×1092毫米　16开本　18.5印张　464千字
定价：34.00元

如遇图书印装质量问题，请与本社营销部联系调换，电话：(022)23507125

编委会

主　　编：陈河南

副主编：许　伟

编　　委：贺　民　　侯佳宜　　贺　军　　于樊鹏　　戴文雅

　　　　　戴　军　　李志云　　陈安南　　李晓春　　王春桥

　　　　　王　雷　　韦　笑　　龚亚萍　　冯　哲　　邓　卫

　　　　　唐　玮　　魏　宇　　李　强

前　言

全国计算机等级考试（National Computer Rank Examination，NCRE）是由教育部考试中心主办，用于考查应试人员的计算机应用知识与能力的考试。本考试的证书已经成为许多单位招聘员工的一个必要条件，具有相当的"含金量"。

为了帮助考生更顺利地通过计算机等级考试，我们做了大量市场调研，根据考生的备考体会，以及培训教师的授课经验，推出了《上机考试习题集——二级 C 语言程序设计》。本书主要由如下两部分组成。

一、二级 C 语言程序设计上机考试题库

对于备战等级考试而言，做题，是进行考前冲刺的最佳方式。这是因为它的针对性相当强，考生可以通过实际练习做题，来检验自己是否真正掌握了相关知识点，了解考试重点，并且根据需要再对知识结构的薄弱环节进行强化。

二、配套光盘

本书配套光盘内容丰富，物超所值，可用于考前实战训练，主要内容有：

- 上机考试的全真模拟环境，用于考前实战训练。本上机系统题量巨大，书中所有试题，均可在全真模拟考试系统中进行训练和判分，以此强化考生的应试能力，其考题类型、出题方式、考场环境和评分方法与实际考试相同，但多了详尽的答案和解析，使考生可掌握解题技巧和思路。
- 上机考试过程的视频录像，从登录、答题到交卷的录像演示，均有指导教师的全程语音讲解。
- 书中所有习题答案，可通过屏幕浏览和打印方式轻松查看。

本书针对参加全国计算机等级考试二级 C 语言程序设计的考生，同时也可以作为普通高校、大专院校、成人高等教育以及相关培训班的练习题和考试题使用。

为了保证本书及时面市和内容准确，很多朋友做出了贡献，陈河南、贺民、许伟、侯佳宜、贺军、于樊鹏、戴文雅、戴军、李志云、陈安南、李晓春、王春桥、王雷、韦笑、龚亚萍、冯哲、邓卫、唐玮、魏宇、李强等老师付出了很多辛苦，在此一并表示感谢！

在学习的过程中，您如有问题或建议，请使用电子邮件与我们联系。或登录百分网，在"书友论坛"与我们共同探讨。

电子邮件：book_service@126.com

百分网：　www.baifen100.com

全国计算机等级考试命题研究组

配套光盘说明

光盘初始启动界面,可选择安装上机系统、查看上机操作过程以及浏览书中答案

上机操作过程的录像演示,有指导教师的全程语音讲解

单击"书上题目答案"按钮,可查看书中所有题目答案,单击"打印"按钮可打印答案

单击光盘初始界面左下角的图标,您可以给我们发送邮件,提出您的建议和意见

单击光盘初始界面的图标,可进入百分网,您可以在此与我们共同探讨问题

从"开始"菜单可启动帮助系统,在这里可看到考试简介、考试大纲以及详细的软件使用说明

双击桌面上的软件名称启动上机系统,按照提示操作,您可以随机抽题,也可以指定固定的题目

浏览题目界面,查看考试题目,单击"考试项目"开始答题

在实际环境答题,完成后单击工具栏中的"交卷"按钮

答案和分析界面,查看所考核题目的答案和分析

第一部分　程序填空题

第 1 题

请补充 fun 函数，fun 函数的功能是求 n 的阶乘。

注意：部分源程序给出如下。

请勿改动主函数 main 和其他函数中的任何内容，仅在 fun 函数的横线上填入所编写的若干表达式或语句。

试题程序：

```c
#include <stdio.h>
long fun(int  n)
{
    if (___1___)
        return (n*fun(___2___));
    return ___3___;
}
main()
{
    printf("10!=%ld\n", fun(10));
}
```

☆☆☆☆☆☆☆☆☆☆☆☆☆☆☆☆☆☆☆☆☆☆☆☆☆☆☆☆☆☆☆☆☆☆☆

第 2 题

请在函数 fun 的横线上填写若干表达式，使从键盘上输入一个整数 n，输出斐波纳契数列。斐波纳契数列是一种整数数列，其中每数等于前面两数之和，如：0 1 1 2 3 5 8 13 ……

注意：部分源程序给出如下。

请勿改动主函数 main 和其他函数中的任何内容，仅在 fun 函数的横线上填入所编写的若干表达式或语句。

试题程序：

```c
#include <stdio.h>
int fun(int  n);
main()
{
    int  i, n = 0;
    scanf("%d", &n);
    for (i=0; i<n; i++)
        printf("%d ", fun(i));
```

```
    }
    int fun(int  n)
    {
        if (___1___)
            return 0;
        else if (___2___)
            return 1;
        else
            return ___3___;
    }
```

★★★

第 3 题

请补充函数 fun(char *s)，该函数的功能是把字符串中的内容逆置。

例如：字符串中原有的字符串为 abcde，则调用该函数后，串中的内容为 edcba。

注意：部分源程序给出如下。

请勿改动主函数 main 和其他函数中的任何内容，仅在 fun 函数的横线上填入所编写的若干表达式或语句。

试题程序：

```
#include <string.h>
#include <conio.h>
#include <stdio.h>
#define  N 81
void fun(char  *s)
{
    int  i, n = strlen(s)-1;
    char t;
    for (i=0; i<n; i++, ___1___)
    {
        t = s[i];
        ___2___;
        ___3___;
    }
}
main()
{
    char  a[N];
    printf("Enter a string:");
    gets(a);
```

```
    printf("The original string is:");
    puts(a);
    fun(a);
    printf("\n");
    printf("The string after modified:");
    puts(a);
}
```

☆☆☆☆☆☆☆☆☆☆☆☆☆☆☆☆☆☆☆☆☆☆☆☆☆☆☆☆☆☆☆☆☆☆☆☆

第 4 题

请补充函数 fun，它的功能是：计算并输出 n（包括 n）以内能被 3 或 7 整除的所有自然数的倒数之和。

例如，在主函数中从键盘给 n 输入 30 后，输出为：s=1.226323。

注意：部分源程序给出如下。

请勿改动主函数 main 和其他函数中的任何内容，仅在 fun 函数的横线上填入所编写的若干表达式或语句。

试题程序：

```
#include <stdio.h>
double fun(int  n)
{
    int  i;
    double  sum = 0.0;
    for (i=1; ___1___; i++)
        if (i%3==0 ___2___ i%7==0)
            sum += ___3___ /i;
    return sum;
}
main()
{
    int  n;
    double  s;
    printf("\nInput n: ");
    scanf("%d", &n);
    s = fun(n);
    printf("\n\ns=%f\n", s);
}
```

☆☆☆☆☆☆☆☆☆☆☆☆☆☆☆☆☆☆☆☆☆☆☆☆☆☆☆☆☆☆☆☆☆☆☆☆

第 5 题

给定程序的功能是求二分之一的圆面积，函数通过形参得到圆的半径，函数返回二分之一的圆面积（注：圆面积公式为：$S=\pi r^2$，在程序中定义的变量名要与公式的变量相同）。

例如，输入圆的半径值：19.527，输出为：s = 598.949991。

注意：部分源程序给出如下。

请勿改动主函数main和其他函数中的任何内容，仅在横线上填入所编写的若干表达式或语句。

试题程序：

```c
#include <stdio.h>
double fun(double r)
{
    return 3.14159*___1___/2.0;
}
main()
{
    double  x;
    printf("Enter  x:  ");
    scanf("%lf", ___2___);
    printf(" s = %lf\n ", fun(___3___));
}
```

☆☆

第 6 题

给定程序的功能是计算并输出下列级数的前N项之和S_N，直到S_N大于q为止，q的值通过形参传入。

$$S_N = \frac{2}{1} + \frac{3}{2} + \frac{4}{3} + \cdots + \frac{N+1}{N}$$

例如，若q的值为50.0，则函数值为50.416687。

注意：部分源程序给出如下。

请勿改动主函数main和其他函数中的任何内容，仅在fun函数的横线上填入所编写的若干表达式或语句。

试题程序：

```c
#include <stdio.h>
double fun(double  q)
{
    int  n;
    double  s;
    n = 2;
```

```
    s = 2.0;
    while (s ___1___ q)
    {
        s = s + (double)(n+1)/n;
        ___2___;
    }
    printf("n=%d\n",n);
    ___3___;
}
main()
{
    printf("%f\n", fun(50));
}
```

★★★

第 7 题

函数fun的功能是：统计长整数n的各位上出现数字1、2、3的次数，并通过外部（全局）变量c1、c2、c3返回主函数。

例如，当n=123114350时，结果应该为：c1=3　c2=1　c3=2。

注意：部分源程序给出如下。

请勿改动主函数 main 和其他函数中的任何内容，仅在 fun 函数的横线上填入所编写的若干表达式或语句。

试题程序：

```
#include <stdio.h>
int c1, c2, c3;
void fun(long  n)
{
    c1 = c2 = c3 = 0;
    while (n)
    {
        switch(___1___)
        {
        case 1:
            c1++;
            ___2___;
        case 2:
            c2++;
            ___3___;
```

5

```
            case 3:
                c3++;
            }
            n /= 10;
        }
    }
main()
{
    long  n = 123114350L;
    fun(n);
    printf("\nThe result :\n");
    printf("n=%ld  c1=%d  c2=%d  c3=%d\n", n, c1, c2, c3);
}
```

★★

第 8 题

请补充 main 函数，该函数的功能是：从键盘输入一组整数，使用条件表达式找出最大的整数。当输入的整数为 0 时结束。

例如，输入 1 2 3 5 4 0 时，最大的数为 5。

注意：部分源程序给出如下。

仅在横线上填入所编写的若干表达式或语句，请勿改动函数中的其他任何内容。

试题程序：

```
#include <stdio.h>
#include <conio.h>
#define  N 100
main()
{
    int  num[N];
    int  i = -1;
    int  max = 0;
    printf("\nInput  integer number: \n");
    do
    {
        i++;
        printf("num[%d]=", i);
        scanf("%d", ___1___);
        max = ___2___ num[i] : max;
    } while(___3___);
```

```
        printf("max=%d\n", max);
}
```

★★★★★★★★★★★★★★★★★★★★★★★★★★★★★★★★★★★★★★★

第9题

给定程序的功能是分别统计字符串中大写字母和小写字母的个数。

例如，给字符串 ss 输入：AaaaBBb123CCccccd，则输出结果应为：upper = 5，lower = 9

注意：部分源程序给出如下。

请勿改动函数中的其他内容，仅在横线上填入所编写的若干表达式或语句。

试题程序：

```c
#include <stdio.h>
void fun(char *s, int *a, int *b)
{
    while (*s)
    {
        if (*s>='A' && *s<='Z')
            ___1___;
        if (*s>='a' && *s<='z')
            ___2___;
        s++;
    }
}
main()
{
    char s[100];
    int upper = 0, lower = 0;
    printf("\nPlease a string :  ");
    gets(s);
    fun(s, &upper, &lower);
    printf("\n upper = %d  lower = %d\n", ___3___);
}
```

★★★★★★★★★★★★★★★★★★★★★★★★★★★★★★★★★★★★★★★

第10题

请补充 main 函数，该函数的功能是：从键盘输入 3 个整数，然后找出最大的数并输出。

例如，输入：12,45,43，输出为 45。

注意：部分源程序给出如下。

仅在横线上填入所编写的若干表达式或语句，请勿改动函数中的其他任何内容。

7

试题程序：

```
#include <stdio.h>
#include <conio.h>
main()
{
    int  a, b, c, max;
    printf("\nInput three numbers:\n");
    scanf("%d,%d,%d", &a, &b, &c);
    printf("The three numbers are:%d,%d,%d\n", a, b, c);
    if (a > b)
        ___1___;
    else
        ___2___;
    if (max < c)
        ___3___;
    printf("max=%d\n", max);
}
```

★★★

第 11 题

给定程序中，函数fun的功能是：把形参s所指字符串中下标为奇数的字符右移到下一个奇数位置，最右边被移出字符串的字符绕回放到第一个奇数位置，下标为偶数的字符不动（注：字符串的长度大于等于2）。

例如，形参s所指的字符串为：abcdefgh，执行结果为：ahcbedgf。

注意：部分源程序给出如下。

请勿改动主函数 main 和其他函数中的任何内容，仅在 fun 函数的横线上填入所编写的若干表达式或语句。

试题程序：

```
#include <stdio.h>
void fun(char  *s)
{
    int  i, n, k;
    char  c;
    n = 0;
    for (i=0; s[i]!='\0'; i++)
        n++;
    if (n%2 == 0)
        k = n-___1___;
```

```
        else
            k = n-2;
        c = ___2___ ;
        for (i=k-2; i>=1; i=i-2)
            s[i+2] = s[i];
        s[1] = ___3___ ;
}
main()
{
        char  s[80] = "abcdefgh";
        printf("\nThe original string is : %s\n", s);
        fun(s);
        printf("\nThe result is : %s\n", s);
}
```

★★

第 12 题

请补充 fun 函数，该函数的功能是将字符串 tt 中的大写字母都改为对应的小写字母，其他字符不变。

例如，若输入 "Are you come from Sichuan?"，则输出 "are you come from sichuan?"。

注意：部分源程序给出如下。

请勿改动主函数 main 和其他函数中的任何内容，仅在 fun 函数的横线上填入所编写的若干表达式或语句。

试题程序：

```
#include <stdio.h>
#include <string.h>
#include <conio.h>
char *fun(char tt[])
{
        int i;
        for(i=0;tt[i];i++)
        {
            if((tt[i]>='A')&&(___1___))
                tt[i] += ___2___;
        }
        return (___3___);
}
main()
```

```
{
    char  tt[81];
    printf("\nPlease enter a string: ");
    gets(tt);
    printf("\nThe result string is: \n%s", fun(tt));
}
```

★★★

第 13 题

请补充 fun 函数，该函数的功能是判断一个数是否为素数。该数是素数时，函数返回字符串："yes!"，否则函数返回字符串："no!"，并在主函数中输出。

注意：部分源程序给出如下。

请勿改动主函数 main 和其他函数中的任何内容，仅在 fun 函数的横线上填入所编写的若干表达式或语句。

试题程序：

```
#include <conio.h>
#include <stdio.h>
___1___
{
    int  i, m;
    m = 1;
    for (i=___2___; i<n; i++)
        if (___3___)
        {
            m=0;
            break;
        }
    if (m==1 && n>1)
        return("yes!");
    else
        return("no!");
}
main()
{
    int  k = 0;
    printf("Input:");
    scanf("%d", &k);
    printf("%s\n", fun(k));
```

```
}
```

★★

第 14 题

请补充 fun 函数,该函数的功能是:依次取出字符串中所有小写字母,形成新的字符串,并取代原字符串。

注意:部分源程序给出如下。

请勿改动主函数 main 和其他函数中的任何内容,仅在 fun 函数的横线上填入所编写的若干表达式或语句。

试题程序:

```c
#include <stdio.h>
#include <conio.h>
void fun(char  *s)
{
    int  i = 0;
    char  *p = s;
    while (___1___)
    {
        if (*p>='a' && *p<='z')
        {
            s[i] = *p;
            ___2___;
        }
        p++;
    }
    s[i] = ___3___;
}
main()
{
    char  str[80];
    printf("\nEnter a string :");
    gets(str);
    printf("\n\nThe string is : %s\n", str);
    fun(str);
    printf("\n\nThe string of changing is : %s\n", str);
}
```

★★

第 15 题

给定程序的功能是判断字符 ch 是否与串 str 中的某个字符相同，若相同什么也不做，若不同则插在串的最后。

注意：部分源程序给出如下。

请勿改动主函数 main 和其他函数中的任何内容，仅在横线上填入所编写的若干表达式或语句。

试题程序：

```c
#include <stdio.h>
#include <string.h>
void fun(char *str, char ch )
{
    while (*str && *str!=ch)
        str++;
    if (*str ___1___ ch)
    {
        str[0] = ch;
        ___2___ = 0;
    }
}
main()
{
    char s[81], c;
    printf("\nPlease enter a string:\n");
    gets(s);
    printf("\n Please enter the character to search : ");
    c = getchar();
    fun(___3___ );
    printf("\nThe result  is %s\n", s);
}
```

★★★

第 16 题

请补充 fun 函数，该函数的功能是：判断一个年份是否为闰年。

例如，1900 年不是闰年，2004 是闰年。

注意：部分源程序给出如下。

请勿改动主函数 main 和其他函数中的任何内容，仅在 fun 函数的横线上填入所编写的若干表达式或语句。

试题程序：

```
#include <stdio.h>
#include <conio.h>
int fun(int  n)
{
    int  flag = 0;
    if (n%4 == 0)
        if (___1___)
            flag = 1;
    if (___2___)
        flag = 1;
    return ___3___;
}
main()
{
    int  year;
    printf("Input the year:");
    scanf("%d", &year);
    if (fun(year))
        printf("%d is a leap year.\n", year);
    else
        printf("%d is not a leap year.\n", year);
}
```

☆☆

第 17 题

给定程序的功能是将n个人员的考试成绩进行分段统计，考试成绩放在a数组中，各分段的人数存到b数组中：成绩为60到69的人数存到b[0]中，成绩为70到79的人数存到b[1]，成绩为80到89的人数存到b[2]，成绩为90到99的人数存到b[3]，成绩为100的人数存到b[4]，成绩为60分以下的人数存到b[5]中。

例如，当a数组中的数据是：93、85、77、68、59、43、94、75、98。调用该函数后，b数组中存放的数据应是：1、2、1、3、0、2。

注意：部分源程序给出如下。

请勿改动主函数 main 和其他函数中的任何内容，仅在横线上填入所编写的若干表达式或语句。

试题程序：

```
#include <stdio.h>
void fun(int  a[], int  b[], int  n)
{
```

```
        int  i;
        for (i=0; i<6; i++)
            b[i] = 0;
        for (i=0; i<___1___; i++)
            if (a[i]<60)
                b[5]++;
            ___2___
                b[(a[i]-60)/10]++;
}
main()
{
    int  i, a[100] = {93, 85, 77, 68, 59, 43, 94, 75, 98}, b[6];
    fun(___3___, 9);
    printf("the result is: ");
    for (i=0; i<6; i++)
        printf("%d ", b[i]);
    printf("\n");
}
```

☆☆☆

第 18 题

str 为一个字符序列。请补充 fun 函数，该函数的功能是：查找 str 中值为 x 的元素，返回找到值为 x 的元素个数，并把这些值为 x 的元素下标依次保存在数组 bb 中。

例如，在"abcdefahij"中查找'a'，结果为：2，下标依次为 0、6。

注意：部分源程序给出如下。

请勿改动主函数 main 和其他函数中的任何内容，仅在 fun 函数的横线上填入所编写的若干表达式或语句。

试题程序：

```
#include <stdio.h>
#include <conio.h>
#define  N 20
int  bb[N];
int fun(char  *str, char  ch)
{
    int  i = 0, n = 0;
    char  t = ch;
    char  *p = str;
    while (*p)
```

```
    {
        if (___1___)
            ___2___;
        p++;
        i++;
    }
    return ___3___;
}
main()
{
    char  str[N];
    char  ch;
    int  i, n;
    printf("******* Input the original string*******\n ");
    gets(str);
    printf("******* The Original string ******\n");
    puts(str);
    printf("******* Input character ******\n");
    scanf("%c", &ch);
    n = fun(str, ch);
    printf(" \nThe number of character is: %d\n", n);
    printf("******* The suffix of character ******\n");
    for (i=0; i<n; i++)
        printf(" %d ", bb[i]);
}
```

★★

第 19 题

给定程序的功能是计算score中m个人的平均成绩aver，将低于aver的成绩放在below中，通过函数名返回人数。

例如，当score={10，20，30，40，50，60，70，80，90}，m=9时，函数返回的人数应该是4，below={10，20，30，40}。

注意：部分源程序给出如下。

请勿改动主函数 main 和其他函数中的任何内容，仅在横线上填入所编写的若干表达式或语句。

试题程序：

```
#include <stdio.h>
#include <string.h>
```

```
int fun(int  score[], int  m, int  below[])
{
    int  i, j = 0;
    float  aver = 0.0;
    for (i=0; i<m; i++)
        aver += score[i];
    aver /= (float)m;
    for (i=0; i<m; i++)
        if (score[i] < aver)
            below[j++] = ___1___;
    return j;
}
main()
{
    int  i, n, below[9];
    int  score[9] = {10, 20, 30, 40, 50, 60, 70, 80, 90};
    n = fun(score, 9, ___2___);
    printf("\nBelow the average score are: ");
    for (i=0; i<n; i++)
        printf("%d ", ___3___);
}
```

☆☆☆☆☆☆☆☆☆☆☆☆☆☆☆☆☆☆☆☆☆☆☆☆☆☆☆☆☆☆☆☆☆☆☆☆☆☆

第 20 题

给定程序的功能是求出能整除x且不是偶数的各整数，并放在数组pp中，这些除数的个数由n返回。

例如，若x的值为30，则有4个数符合要求，它们是1，3，5，15。

注意：部分源程序给出如下。

请勿改动主函数 main 和其他函数中的任何内容，仅在横线上填入所编写的若干表达式或语句。

试题程序：

```
#include <stdio.h>
void fun(int  x, int  pp[],  int *n)
{
    int  i, j = 0;
    for (i=1; i<=x; i+=2)
        if ((x%i) == 0)
            pp[j++] = ___1___;
```

```
        *n = ___2___;
}
main()
{
    int  x, aa[1000], n, i;
    printf("\nPlease enter an integer number:\n");
    scanf("%d", &x);
    fun(x, ___3___);
    for (i=0; i<n; i++)
        printf("%d ", aa[i]);
    printf("\n");
}
```

☆☆☆☆☆☆☆☆☆☆☆☆☆☆☆☆☆☆☆☆☆☆☆☆☆☆☆☆☆☆☆☆☆☆☆☆☆☆

第 21 题

给定程序中，函数fun的功能是：将s所指字符串中的所有数字字符移到所有非数字字符之后，并保持数字字符串和非数字字符串原有的先后次序。

例如，形参 s 所指的字符串为：def35adh3kjsdf7。执行结果为：defadhkjsdf3537。

注意：部分源程序给出如下。

请勿改动主函数 main 和其他函数中的任何内容，仅在 fun 函数的横线上填入所编写的若干表达式或语句。

试题程序：

```
#include <stdio.h>
void fun(char  *s)
{
    int  i, j = 0, k = 0;
    char  t1[80], t2[80];
    for(i=0; s[i]!='\0'; i++)
        if(s[i]>='0' && s[i]<='9')
        {
            t2[j]=s[i];
            ___1___;
        }
        else
        {
            t1[k++] = s[i];
        }
    t2[j] = 0;
```

```
        t1[k] = 0;
        for (i=0; i<k; i++)
            ___2___ ;
        for (i=0; i<___3___ ; i++)
            s[k+i] = t2[i];
}
main()
{
    char  s[80] = "ba3a54j7sd567sdffs";
    printf("\nThe original string is : %s\n", s);
    fun(s);
    printf("\nThe result is :  %s\n", s);
}
```

☆☆

第 22 题

给定程序中，函数fun的功能是：在形参s所指字符串中的每个数字字符之后插入一个*号。

例如，形参s所指的字符串为：def35adh3kjsdf7。执行结果为：def3*5*adh3*kjsdf7*。

注意：部分源程序给出如下。

请勿改动主函数main和其他函数中的任何内容，仅在fun函数的横线上填入所编写的若干表达式或语句。

试题程序：

```
#include <stdio.h>
void fun(char  *s)
{
    int  i, j, n;
    for (i=0; s[i]!='\0'; i++)
        if (s[i]>='0' ___1___ s[i]<='9')
        {
            n = 0;
            while (s[i+1+n] != ___2___ )
                n++;
            for (j=i+n+1; j>i; j--)
                s[j+1] = ___3___ ;
            s[j+1] = '*';
            i = i+1;
        }
```

```
}
main()
{
    char  s[80] = "ba3a54cd23a";
    printf("\nThe original string is :  %s\n", s);
    fun(s);
    printf("\nThe result is :  %s\n", s);
}
```

★★

第 23 题

在主函数中从键盘输入若干个数放入数组 x 中，用 0 结束输入但不计入数组。下列给定程序中，函数 fun 的功能是：输出数组元素中小于平均值的元素。

例如：数组中元素的值依次为 1，2，2，12，5，15，则程序的运行结果为 1，2，2，5。

注意：部分源程序给出如下。

请勿改动主函数 main 和其他函数中的任何内容，仅在 fun 函数的横线上填入所编写的若干表达式或语句。

试题程序：

```
#include <conio.h>
#include <stdio.h>
void fun(___1___, int  n)
{
    double  sum = 0.0;
    double  average = 0.0;
    int  i = 0;
    for (i=0; i<n; i++)
        ___2___;
    average = ___3___ ;
    for (i=0; i<n; i++)
        if (x[i] < average)
        {
            if (i%5 == 0)
                printf("\n");
            printf("%d, ", x[i]);
        }
}
main()
{
```

```
    int  x[1000];
    int  i = 0;
    printf("\nPlease enter some data(end with 0):");
    do
    {
        scanf("%d", &x[i]);
    } while (x[i++] != 0);
    fun(x, i-1);
}
```

☆☆

第 24 题

函数fun的功能是：从三个形参a，b，c中找出中间的那个数，作为函数值返回。

例如，当a=3，b=5，c=4时，中间的数为4。

注意：部分源程序给出如下。

请勿改动主函数 main 和其他函数中的任何内容，仅在 fun 函数的横线上填入所编写的若干表达式或语句。

试题程序：

```
#include <stdio.h>
int fun(int  a, int  b, int  c)
{
    int  t;
    t = (a > b) ? (b>c ? b : (a>c ? c : ___1___)) :
        ((a > c) ? ___2___ : ((b > c) ? c : ___3___));
    return t;
}
main()
{
    int  a1 = 3, a2 = 5, a3 = 4, r;
    r = fun(a1, a2, a3);
    printf("\nThe middle number is : %d\n", r);
}
```

☆☆

第 25 题

函数fun的功能是：逆置数组元素中的值。形参n给出数组中数据的个数。

例如：若a所指数组中的数据依次为：1、2、3、4、5、6、7、8、9，则逆置后依次为：9、8、7、6、5、4、3、2、1。

注意：部分源程序给出如下。

请勿改动主函数main和其他函数中的任何内容，仅在fun函数的横线上填入所编写的若干表达式或语句。

试题程序：

```
#include <stdio.h>
void fun(int a[], int n)
{
    int i, t;
    for (i=0; i<___1___; i++)
    {
        t = a[i];
        a[i] = a[n-1-___2___];
        ___3___ = t;
    }
}
main()
{
    int b[9] = {1, 2, 3, 4, 5, 6, 7, 8, 9}, i;
    printf("\nThe original data :\n");
    for (i=0; i<9; i++)
        printf("%4d ", b[i]);
    printf("\n");
    fun(b, 9);
    printf("\nThe data after invert :\n");
    for (i=0; i<9; i++)
        printf("%4d ", b[i]);
    printf("\n");
}
```

★★★

第 26 题

请补充 fun 函数，该函数的功能求能整除 x，且是偶数的数，把这些数保存在数组 bb，并按从大到小输出。

例如，当 x=20 时，依次输出：20 10 4 2。

注意：部分源程序给出如下。

请勿改动主函数 main 和其他函数中的任何内容，仅在 fun 函数的横线上填入所编写的若干表达式或语句。

试题程序：

```
#include <conio.h>
#include <stdio.h>
void fun(int  k, int  bb[])
{    int  i;
     int  j = 0;
     for (___1___; i<=k; i++)
         if (___2___)
             bb[j++] = i;
     printf("\n\n ");
     for (i=___3___; i>=0; i--)
         printf("%d ", bb[i]);
}
main()
{
     int  k = 1;
     int  bb[100];
     printf("\nPlease input X\n");
     scanf("%d", &k);
     fun(k, bb);
}
```

☆☆☆☆☆☆☆☆☆☆☆☆☆☆☆☆☆☆☆☆☆☆☆☆☆☆☆☆☆☆☆☆☆☆☆☆☆☆☆

第 27 题

请补充函数 fun，该函数的功能是：统计所有小于等于 n(n>2) 的素数的个数，素数的个数作为函数值返回。

注意：部分源程序给出如下。

请勿改动主函数 main 和其他函数中的任何内容，仅在 fun 函数的横线上填入所编写的若干表达式或语句。

试题程序：

```
#include <stdio.h>
int fun(int  n)
{
     int  i, j, count = 0;
     printf("\nThe prime number between 2 to %d\n", n);
     for (i=2; i<=n; i++)
     {
         for (___1___; j<i; j++)
             if (___2___%j == 0)
```

```
                        break;
             if (___3___ >= i)
             {
                  count++;
                  printf(count%15 ? "%5d" : "\n%5d", i);
             }
        }
    return count;
}
main()
{
    int  n = 20, r;
    r = fun(n);
    printf("\nThe number of prime is  :  %d\n", r);
}
```

★★★

第 28 题

程序的功能是计算 $s=\displaystyle\sum_{k=0}^{n}k!$。

注意：部分源程序给出如下。

请勿改动主函数 main 和其他函数中的任何内容，仅在横线上填入所编写的若干表达式或语句。

试题程序：

```
#include <stdio.h>
long fun(int  n)
{
    int  i;
    long  s;
    s = ___1___;
    for (i=1; i<=n; i++)
        s = ___2___;
    return s;
}
main()
{
    long  s;
```

```
    int  k, n;
    scanf("%d", &n);
    s = ___3___;
    for (k=0; k<=n; k++)
        s = ___4___;
    printf("%ld\n", s);
}
```

★★

第 29 题

请补充 fun 函数，该函数的功能是求不超过给定自然数的各偶数之和。

注意：部分源程序给出如下。

请勿改动主函数 main 和其他函数中的任何内容，仅在 fun 函数的横线上填入所编写的若干表达式或语句。

试题程序：

```
#include <stdio.h>
int fun(int x)
{
    int  i, s;
    s = ___1___;
    for (i=2; ___2___; i+=2)
        s += i;
    return s;
}
main()
{
    int n;
    do
    {
        printf("\nPlease enter natural numbers n:");
        scanf("%d", &n);
    } while (n <= 0);
    printf("\n不超过给定自然数%d 的各偶数之和为%d\n", n, fun(n));
}
```

★★

第 30 题

请补充 fun 函数，该函数的功能是：把从主函数中输入的由数字字符组成的字符串转换成一个无符号长整数，并且倒序输出。结果由函数返回。

例如：输入：123456，结果输出：654321。

注意：部分源程序给出如下。

请勿改动主函数 main 和其他函数中的任何内容，仅在 fun 函数的横线上填入所编写的若干表达式或语句。

试题程序：

```
#include <conio.h>
#include <stdio.h>
#include <string.h>
unsigned long fun(char *s)
{
    unsigned long  t = 0;
    int  k;
    int  i = 0;
    i = strlen(s);
    for (___1___; i>=0; i--)
    {
        k = ___2___;
        t = ___3___;
    }
    return t;
}
main()
{
    char  str[8];
    printf("Enter a string made up of '0' to '9' digital character :  \n");
    gets(str);
    printf("The string is :  %s\n", str);
    if (strlen(str) > 8)
        printf(" The string is too long  !");
    else
        printf("The result :  %lu\n", fun(str));
}
```

★★★★★★★★★★★★★★★★★★★★★★★★★★★★★★★★★★★★★★★

第 31 题

请补充 fun 函数，该函数的功能是：把从主函数中输入的字符串 str2 接在字符串 str1 后面。

例如：str1="How are "，str="you？"，结果输出："How are you？"

注意：部分源程序给出如下。

请勿改动主函数 main 和其他函数中的任何内容，仅在 fun 函数的横线上填入所编写的若干表达式或语句。

试题程序：

```c
#include <stdio.h>
#include <conio.h>
#define N 40
void fun(char *str1, char *str2)
{
    int i = 0;
    char *p1 = str1;
    char *p2 = str2;
    while (___1___)
        i++;
    for (; ___2___; i++)
        *(p1+i) = ___3___;
    *(p1+i) = '\0';
}
main()
{
    char str1[N], str2[N];
    int m, n, k;
    printf("****** Input the  string str1 & str2******\n ");
    printf(" \nstr1:");
    gets(str1);
    printf(" \nstr2:");
    gets(str2);
    printf("****** The  string str1 & str2******\n");
    puts(str1);
    puts(str2);
    fun(str1, str2);
    printf("****** The new string ******\n");
    puts(str1);
}
```

★★★

第 32 题

请补充 fun 函数，该函数的功能是求一维数组 x[N]的平均值，并对所得结果进行四舍五入保留两位小数。

例如：当 x[10]={15.6,19.9,16.7,15.2,18.3,12.1,15.5,11.0,10.0,16.0} 时，输出结果为：avg=15.030000。

注意：部分源程序给出如下。

请勿改动主函数 main 和其他函数中的任何内容，仅在 fun 函数的横线上填入所编写的若干表达式或语句。

试题程序：

```c
#include <stdio.h>
#include <conio.h>
double fun(double  x[10])
{
    int  i;
    long  t;
    double  avg = 0.0;
    double  sum = 0.0;
    for (i=0;  i<10;  i++)
        ___1___ ;
    avg = sum/10;
    avg = ___2___ ;
    t = ___3___ ;
    avg = (double)t/100;
    return avg;
}
main()
{
    double  avg, x[10] =
        {15.6, 19.9, 16.7, 15.2, 18.3, 12.1, 15.5, 11.0, 10.0, 16.0};
    int  i;
    printf("\nThe original data is :\n");
    for (i=0;  i<10;  i++)
        printf("%6.1f", x[i]);
    printf("\n\n");
    avg = fun(x);
    printf("average=%f\n\n", avg);
}
```

★★★

第 33 题

函数fun的功能是：将形参a所指数组中的前半部分元素的值和后半部分元素的值对换。形参n中存放数组中数据的个数，若n为奇数，则中间的元素不动。

例如：若a所指数组中的数据依次为：1、2、3、4、5、6、7、8、9，则调换后为：6、7、8、9、5、1、2、3、4。

注意：部分源程序给出如下。

请勿改动主函数 main 和其他函数中的任何内容，仅在 fun 函数的横线上填入所编写的若干表达式或语句。

试题程序：

```
#include <stdio.h>
#define  N 9
void fun(int  a[], int  n)
{
    int  i, t, p;
    p = (n%2 == 0) ? n/2 : n/2 + ___1___;
    for (i=0; i<n/2; i++)
    {
        t = a[i];
        a[i] = a[p+___2___];
        ___3___ = t;
    }
}
main()
{
    int  b[N] = {1, 2, 3, 4, 5, 6, 7, 8, 9}, i;
    printf("\nThe original data  :\n");
    for (i=0; i<N; i++)
        printf("%4d ", b[i]);
    printf("\n");
    fun(b, N);
    printf("\nThe data after moving  :\n");
    for (i=0; i<N; i++)
        printf("%4d ", b[i]);
    printf("\n");
}
```

★★

第 34 题

请补充 fun 函数，该函数的功能是：分类统计一个字符串中元音字母和其他字符的个数（不区分大小写）。

例如，输入 aeiouAUpqr，结果为 A：2　E：1　I：1　O：1　U：2　other：3。

注意：部分源程序给出如下。

请勿改动主函数 main 和其他函数中的任何内容，仅在 fun 函数的横线上填入所编写的若干表达式或语句。

试题程序：

```
#include <stdio.h>
#include <conio.h>
#define  N 100
void fun(char  *str, int  bb[])
{
    char  *p = str;
    int  i = 0;
    for (i=0; i<6; i++)
        ___1___;
    while (*p)
    {
        switch (*p)
        {
        case 'A':
        case 'a':
            bb[0]++;
            break;
        case 'E':
        case 'e':
            bb[1]++;
            break;
        case 'I':
        case 'i':
            bb[2]++;
            break;
        case 'O':
        case 'o':
            bb[3]++;
            break;
        case 'U':
```

```
        case 'u':
            bb[4]++;
            break;
        default:
            ___2___;
        }
        ___3___
    }
}
main()
{
    char  str[N], ss[5] = "AEIOU";
    int  i;
    int  bb[6];
    printf("Input a string: \n");
    gets(str);
    printf("the  string is: \n");
    puts(str);
    fun(str, bb);
    for (i=0; i<5; i++)
        printf("\n%c:%d", ss[i], bb[i]);
    printf("\nother:%d", bb[i]);
}
```

☆☆☆☆☆☆☆☆☆☆☆☆☆☆☆☆☆☆☆☆☆☆☆☆☆☆☆☆☆☆☆☆☆☆☆☆

第 35 题

str 是全部由小写字母字符和空格字符组成的字符串，由 num 传入字符串的长度，请补充 fun 函数，该函数的功能是：统计字符串 str 中的单词数，结果由变量 num 传回。每个单词之间都由空格隔开，并且字符串 str 开始不存在空格。

例如：str="how are you"，结果为：num=3。

注意：部分源程序给出如下。

请勿改动主函数 main 和其他函数中的任何内容，仅在 fun 函数的横线上填入所编写的若干表达式或语句。

试题程序：

```
#include <stdio.h>
#define N 80
void fun(char  *s, int  *num)
{
```

```
    int  i, n = 0;
    for (i=0; ___1___ ; i++)
        if (s[i]>='a' && s[i]<='z' && s[i+1]==' ' || s[i+1]=='\0')
            ___2___ ;
        ___3___ ;
}
main()
{
    char  str[N];
    int  num = 0;
    printf("Enter a string :\n");
    gets(str);
    while (str[num])
        num++;
    fun(str, &num);
    printf("The number of word is : %d\n\n", num);
}
```

☆☆

第 36 题

str 是一个由数字和字母字符组成的字符串，由变量 num 传入字符串长度。请补充 fun 函数，该函数的功能是把字符串 str 中的数字字符转换成数字并存放到整型数组 bb 中，函数返回数组 bb 的长度。

例如：str="Abc123e456hui7890"，结果为：1234567890。

注意：部分源程序给出如下。

请勿改动主函数 main 和其他函数中的任何内容，仅在 fun 函数的横线上填入所编写的若干表达式或语句。

试题程序：

```
#include <stdio.h>
#define  N 80
int  bb[N];
int fun(char  s[], int  bb[], int  num)
{
    int  i, n = 0;
    for (i=0; i<num; i++)
        if (s[i]>='0' ___1___ s[i]<='9')
        {
            bb[n] = ___2___ ;
```

```
            n++;
        }
    return ___3___;
}
main()
{
    char  str[N];
    int  num = 0, n, i;
    printf("Enter a string :\n");
    gets(str);
    while (str[num])
        num++;
    n = fun(str, bb, num);
    printf("\nbb= ");
    for (i=0; i<n; i++)
        printf("%d", bb[i]);
}
```

☆☆☆☆☆☆☆☆☆☆☆☆☆☆☆☆☆☆☆☆☆☆☆☆☆☆☆☆☆☆☆☆☆☆☆☆☆☆

第 37 题

从键盘输入一组无符号整数并保存在数组 xx[N]中，以整数 0 结束输入，要求这些数的最大位数不超过 4 位，其元素的个数通过变量 num 传入 fun 函数。请补充 fun 函数，该函数的功能是：从数组 xx 中找出个位和十位的数字之和大于 5 的所有无符号整数，结果保存在数组 yy 中，其个数由 fun 函数返回。

例如：当 xx[8]={123,11,23,222,42,333,14,5451}时，bb[3]={42，333，5451}。

注意：部分源程序给出如下。

请勿改动主函数 main 和其他函数中的任何内容，仅在 fun 函数的横线上填入所编写的若干表达式或语句。

试题程序：

```
#include <stdio.h>
#define  N 1000
int fun(int  xx[], int  bb[], int  num)
{
    int  i, n = 0;
    int  g, s;
    for (i=0; i<num; i++)
    {
        g = ___1___;
```

```
            s = xx[i]/10%10;
            if ((g+s) > 5)
                ___2___;
        }
        return ___3___;
}
main()
{
    int  xx[N];
    int  yy[N];
    int  num = 0, n = 0, i = 0;
    printf("Input number  :\n");
    do
    {
        scanf("%u", &xx[num]);
    } while (xx[num++] != 0);
    n = fun(xx, yy, num);
    printf("\nyy= ");
    for (i=0; i<n; i++)
        printf("%u  ", yy[i]);
}
```

☆☆☆☆☆☆☆☆☆☆☆☆☆☆☆☆☆☆☆☆☆☆☆☆☆☆☆☆☆☆☆☆☆☆☆☆☆

第 38 题

请补充 fun 函数，该函数的功能是判断一个数的个位数字和百位数字之和是否等于其十位上的数字，是则返回 "yes!"，否则返回 "no!"。

注意：部分源程序给出如下。

请勿改动主函数 main 和其他函数中的任何内容，仅在 fun 函数的横线上填入所编写的若干表达式或语句。

试题程序：

```
#include <stdio.h>
#include <conio.h>
char *fun(int  n)
{
    int  g, s, b;
    g = n%10;
    s = n/10%10;
    b = ___1___;
```

```
        if ((g+b) == s)
            return ___2___;
        else
            return ___3___;
}
main()
{
    int  num = 0;
    printf("******Input data *******\n ");
    scanf("%d", &num);
    printf("\n\n\n");
    printf("****** The result *******\n ");
    printf("\n\n\n%s", fun(num));
}
```

☆☆

第 39 题

请补充 main 函数，该函数的功能是：从一个字符串中截取前面若干个给定字符数的子字符串。其中，str1 指向原字符串，截取后的字符串存放在 str2 所指的字符数组中，n 中存放预截取的字符个数。

例如，当 str1="abcdefg"，然后输入 3，则 str2="abc"。

注意：部分源程序给出如下。

仅在横线上填入所编写的若干表达式或语句，请勿改动函数中的其他任何内容。

试题程序：

```
# include <stdio.h>
# include <conio.h>
# define  LEN 80
main()
{
    char  str1[LEN], str2[LEN];
    int  n, i;
    printf("Enter the string:\n");
    gets(str1);
    printf("Enter the position of the string deleted:");
    scanf(___1___);
    for (i=0; i<n; i++)
        ___2___
    str2[i] = '\0';
```

34

```
    printf("The new string is:%s\n", ___3___);
}
```

★★

第 40 题

请补充 main 函数，该函数的功能是：从键盘输入一个字符串并保存在字符 str1 中，把字符串 str1 中下标为偶数的字符保存在字符串 str2 中并输出。

例如，当 str1="abcdefg"时，则 str2="aceg"。

注意：部分源程序给出如下。

仅在横线上填入所编写的若干表达式或语句，请勿改动函数中的其他任何内容。

试题程序：

```
#include <stdio.h>
#include <conio.h>
#define  LEN 80
main()
{
    char  str1[LEN], str2[LEN];
    char  *p1 = str1, *p2 = str2;
    int  i = 0, j = 0;
    printf("Enter the string:\n");
    scanf(___1___);
    printf("****** the origial string ********\n");
    while (*(p1+j))
    {
        printf("___2___", *(p1+j));
        j++;
    }
    for (i=0; i<j; i+=2)
        *p2++ = *(str1+i);
    *p2 = '\0';
    printf("\nThe new string is:%s\n", ___3___);
}
```

★★

第 41 题

请补充 main 函数，该函数的功能是：从键盘输入一个长整数，如果这个数是负数，则取它的绝对值，并显示出来。

例如：输入：-12345678，结果为：12345678。

注意：部分源程序给出如下。

仅在横线上填入所编写的若干表达式或语句，请勿改动函数中的其他任何内容。

试题程序：

```
# include <stdio.h>
# include <conio.h>
main()
{
    long int  n;
    printf("Enter the data:\n");
    scanf(___1___);
    printf("****** the origial data ********\n");
    if (n < 0)
        ___2___
    printf("\n\n");
    printf(___3___);
}
```

☆☆

第 42 题

请补充 main 函数，该函数的功能是：从字符串 str 中取出所有数字字符，并分别计数，并把结果保存在数组 b 中并输出，把其他字符保存在 b[10]中。

例如：当 str1="de123456789abc0908"时，结果为：0：2 1：1 2：1 3：1 4：1 5：1 6：1 7：1 8：2 9：2 other character：5。

注意：部分源程序给出如下。

仅在横线上填入所编写的若干表达式或语句，请勿改动函数中的其他任何内容。

试题程序：

```
#include <stdio.h>
#include <conio.h>
main()
{
    int  i, b[11];
    char  *str = "de123456789abc0908";
    char  *p = str;
    printf("****** the origial data ********\n");
    puts(str);
    for (i=0; i<11; i++)
        b[i] = 0;
    while (*p)
```

```
    {
        switch (___1___)
        {
        case '0':
            b[0]++;
            break;
        case '1':
            b[1]++;
            break;
        case '2':
            b[2]++;
            break;
        case '3':
            b[3]++;
            break;
        case '4':
            b[4]++;
            break;
        case '5':
            b[5]++;
            break;
        case '6':
            b[6]++;
            break;
        case '7':
            b[7]++;
            break;
        case '8':
            b[8]++;
            break;
        case '9':
            b[9]++;
            break;
        ___2___
        }
    ___3___
    }
    printf("****** the result ********\n");
    for (i=0; i<10; i++)
```

```
        printf("\n%d:%d", i, b[i]);
    printf("\nother character:%d", b[i]);
    }
```

★★★

第 43 题

请补充 fun 函数，该函数的功能是：按'0'到'9'统计一个字符串中的奇数数字字符各自出现的次数，结果保存在数组 num 中。注意：不能使用字符串库函数。

例如：输入："x=1123.456+0.909*bc"，结果为：1=2，3=1，5=1，7=0，9=2。

注意：部分源程序给出如下。

请勿改动主函数 main 和其他函数中的任何内容，仅在 fun 函数的横线上填入所编写的若干表达式或语句。

试题程序：

```
#include <conio.h>
#include <stdio.h>
#define  N 1000
void fun(char  *tt, int  num[])
{
    int  i, j;
    int  bb[10];
    char  *p = tt;
    for (i=0; i<10; i++)
    {
        num[i] = 0;
        bb[i] = 0;
    }
    while (___1___)
    {
        if (*p>='0' && *p<='9')
            ___2___;
        p++;
    }
    for (i=1, j=0; i<10; i=i+2, j++)
        ___3___;
}
main()
{
    char  str[N];
```

```
    int  num[10], k;
    printf("\nPlease enter a char string:");
    gets(str);
    printf("\n*******The original string******\n");
    puts(str);
    fun(str, num);
    printf("\n*******The number of letter******\n");
    for (k=0; k<5; k++)
    {
        printf("\n");
        printf("%d= %d  ", 2*k+1, num[k]);
    }
    printf("\n");
}
```

★★

第 44 题

请补充 fun 函数，该函数的功能是：逐个比较 a、b 两个字符串对应位置中的字符，把 ASCII 值大或相等的字符依次存放在到 c 数组中，形成一个新的字符串。

例如，若 a 中的字符串为 aBCDeFgH，b 中的字符串为：ABcd，则 c 中的字符串应为：aBcdeFgH。

注意：部分源程序给出如下。

请勿改动主函数 main 和其他函数中的任何内容，仅在 fun 函数的横线上填入所编写的若干表达式或语句。

试题程序：

```
#include <stdio.h>
#include <string.h>
void fun(char *p, char *q, char *c)
{
    int  k = ___1___;
    while (*p ___2___ *q)
    {
        if (*p < *q)
            c[k] = *q;
        else
            c[k] = *p;
        if (*p)
            p++;
```

```
            if (*q)
                q++;
            k++;
        }
}
main()
{
        char  a[10] = "aBCDeFgH", b[10] = "ABcd", c[80] = {'\0'};
        fun(a, b, c);
        printf("The string a:");
        puts(a);
        printf("The string b:");
        puts(b);
        printf("The result:");
        puts(c);
}
```

★★

第 45 题

请补充 fun 函数，该函数的功能是：先将在字符串 s 中的字符按逆序存放到 t 串中，然后把 s 中的字符按正序连接到 t 串的后面。

例如：s 中的字符串为 ABCDE 时，则 t 中的字符串应为 EDCBAABCDE。

注意：部分源程序给出如下。

请勿改动主函数 main 和其他函数中的任何内容，仅在 fun 函数的横线上填入所编写的若干表达式或语句。

试题程序：

```
#include <conio.h>
#include <stdio.h>
#include <string.h>
void fun(char *s, char *t)
{
        int  s1, i;
        s1 = strlen(s);
        for (i=0; i<s1; i++)
            t[i] = s[___1___];
        for (i=0; i<s1; i++)
            t[s1+i] = s[i];
        t[___2___] = '\0';
```

```
}
main()
{
    char  s[100], t[100];
    printf("\nPlease enter string s:");
    scanf("%s", s);
    fun(s, t);
    printf("The result is: %s\n", t);
}
```

★★

第 46 题

请补充 fun 函数，该函数的功能是：用来求出数组的最大元素在数组中的下标并存放在 k 所指的存储单元中。

例如，输入如下整数：876 675 896 101 301 401 980 431 451 777，则输出结果为：6，980。

注意：部分源程序给出如下。

请勿改动主函数 main 和其他函数中的任何内容，仅在 fun 函数的横线上填入所编写的若干表达式或语句。

试题程序：

```
#include <conio.h>
#include <stdio.h>
void fun(int  *s, int  t, int  ___1___)
{
    int   i, max;
    max = s[0];
    for (i=0; i<t; i++)
        if (___2___)
        {
            max = s[i];
            *k = ___3___;
        }
}
main()
{
    int  a[10] = {876, 675, 896, 101, 301, 401, 980, 431, 451, 777}, k;
    fun(a, 10, &k);
    printf("%d, %d\n", k, a[k]);
```

}

★★

第 47 题

数组 xx[N]保存着一组 3 位数的无符号正整数，其元素的个数通过变量 num 传入 fun 函数。请补充 fun 函数，该函数的功能是：从数组 xx 中找出个位和百位的数字相等的所有无符号整数，结果保存在数组 yy 中，其个数由 fun 函数返回。

例如：当 xx[8]={123,231,232,222,424,333,141,544}时，bb[5]={232，222，424，333，141}。

注意：部分源程序给出如下。

请勿改动主函数 main 和其他函数中的任何内容，仅在 fun 函数的横线上填入所编写的若干表达式或语句。

试题程序：

```c
#include <stdio.h>
#include <conio.h>
#define N 1000
int fun(int xx[], int bb[], int num)
{
    int i, n = 0;
    int g, b;
    for (i=0; i<num; i++)
    {
        g = ___1___;
        b = xx[i]/100;
        if (g == b)
            ___2___;
    }
    return ___3___;
}
main()
{
    int xx[8] = {123, 231, 232, 222, 424, 333, 141, 544};
    int yy[N];
    int num = 0, n = 0, i = 0;
    num = 8;
    printf("******original data *******\n ");
    for (i=0; i<num; i++)
        printf("%u ", xx[i]);
```

```
    printf("\n\n\n");
    n = fun(xx, yy, num);
    printf("\nyy= ");
    for (i=0; i<n; i++)
        printf("%u ", yy[i]);
}
```

****

第 48 题

请补充 fun 函数，该函数的功能是：把一个整数转换成字符串，并倒序保存在字符数组 str 中。例如：当 n=12345678 时，str="87654321"。

注意：部分源程序给出如下。

请勿改动主函数 main 和其他函数中的任何内容，仅在 fun 函数的横线上填入所编写的若干表达式或语句。

试题程序：

```
#include <stdio.h>
#include <conio.h>
#define  N 80
char  str[N];
void fun(long int  n)
{
    int  i = 0;
    while (___1___)
    {
        str[i] = ___2___;
        n /= 10;
        i++;
    }
    ___3___;
}
main()
{
    long int  n = 1234567;
    printf("****** the origial data ********\n");
    printf("n=%ld", n);
    fun(n);
    printf("\n%s", str);
}
```

★★

第 49 题

请补充 main 函数，该函数的功能是求方程 $ax^2+bx+c=0$ 的两个实数根。方程的系数 a、b、c 从键盘输入，如果判别式（disc=b*b-4*a*c）小于 0，则要求从新输入 a、b、c 的值。

例如，当 a=1，b=2，c=1 时，方程的两个根分别是：x1=-1.00，x2=-1.00。

注意：部分源程序给出如下。

仅在横线上填入所编写的若干表达式或语句，请勿改动函数中的其他任何内容。

试题程序：

```c
#include <math.h>
#include <stdio.h>
main()
{
    double  a, b, c, disc, x1, x2;
    do
    {
        printf("Input  a, b, c: ");
        scanf("%lf,%lf,%lf", &a, &b, &c);
        disc = b*b - 4*a*c;
        if (disc < 0)
            printf("disc=%lf \n Input again!\n", disc);
    } while (___1___);
    printf("*******the result*******\n");
    x1 = (-b+___2___(disc))/(2*a);
    x2 = (-b-___3___(disc))/(2*a);
    printf("\nx1=%6.2lf\nx2=%6.2lf\n", x1, x2);
}
```

★★

第 50 题

请补充 fun 函数，该函数的功能是在字符串的最前端加入 n 个*号，形成新串，并且覆盖。注意：字符串的长度最长允许为 79。

注意：部分源程序给出如下。

请勿改动主函数 main 和其他函数中的任何内容，仅在 fun 函数的横线上填入所编写的若干表达式或语句。

试题程序：

```c
#include <stdio.h>
#include <string.h>
#include <conio.h>
```

```c
void fun(char  s[], int  n)
{
    char  a[80], *p;
    int  i;
    p = ___1___;
    for (i=0; i<n; i++)
        a[i] = '*';
    do
    {
        a[i] = ___2___;
        i++;
    } while (___3___);
    a[i] = 0;
    strcpy(s, a);
}
main()
{
    int  n;
    char  s[80];
    printf("\nEnter a string:");
    gets(s);
    printf("\nThe string\"%s\"\n", s);
    printf("\nEnter n(number of*):");
    scanf("%d", &n);
    fun(s, n);
    printf("\nThe string after insert:\"%s\"\n", s);
}
```

☆☆☆

第51题

请补充 fun 函数，该函数的功能是把从键盘输入的 3 个整数按从小到大输出。

例如：输入 23　32　14，结果输出 14　23　32。

注意：部分源程序给出如下。

仅在横线上填入所编写的若干表达式或语句，请勿改动函数中的其他任何内容。

试题程序：

```c
#include <stdio.h>
#include <conio.h>
main()
```

```
{
    int  x, y, z, t;
    printf("Input x,y,z\n");
    scanf("%d%d%d", &x, &y, &z);
    if (___1___)
    {
        t = x;
        x = y;
        y = t;
    }   /* 交换x,y的值 */
    if (___2___)
    {
        t = z;
        z = x;
        x = t;
    }   /* 交换x,z的值 */
    if (___3___)
    {
        t = y;
        y = z;
        z = t;
    }   /* 交换z,y的值 */
    printf("******the result*******\n");
    printf("from small to big: %d %d %d\n", x, y, z);
}
```

☆☆☆

第 52 题

请补充 main 函数，该函数的功能是：先以只写方式打开文件 out52.dat，再把字符串 str 中的字符保存到这个磁盘文件中。

注意：部分源程序给出如下。

仅在横线上填入所编写的若干表达式或语句，请勿改动函数中的其他任何内容。

试题程序：

```
#include <stdio.h>
#include <stdlib.h>
#define  N 80
main()
{
```

```
        FILE  *fp;
        int  i = 0;
        char  ch;
        char  str[N] = "I'm a students!";
        if ((fp = fopen(___1___)) == NULL)
        {
            printf("cannot open out52.dat\n");
            exit(0);
        }
        while (str[i])
        {
            ch = str[i];
            ___2___ ;
            putchar(ch);
            i++;
        }
        ___3___ ;
    }
```

★★

第 53 题

请补充函数 fun，该函数的功能是建立一个带头结点的单向链表并输出到文件 out53.dat 和屏幕上，各结点的值为对应的下标，链表的结点数及输出的文件名作为参数传入。

注意：部分源程序给出如下。

请勿改动主函数 main 和其他函数中的任何内容，仅在 fun 函数的横线上填入所编写的若干表达式或语句。

试题程序：

```
#include<stdio.h>
#include<stdlib.h>
typedef struct ss
{
    int data;
    struct ss *next;
}NODE;
void fun(int n,char *filename)
{
    NODE *h, *p, *s ;
```

```
        FILE *pf;
        int i;
        h=p=(NODE *)malloc(sizeof(NODE));
        h->data=0;
        for(i=1;i<n; i++)
        {
            s=(NODE *)malloc(sizeof(NODE));
            s->data=___1___;
            ___2___;
            p=___3___;
        }
        p->next=NULL;
        if((pf=fopen(filename,"w"))==NULL)
        {
            printf("Can not open out53.dat!");
            exit(0);
        }
        p=h;
        fprintf(pf,"\n***THE LIST*** \n");
        printf("\n***THE LIST*** \n");
        while(p)
        {
            fprintf(pf,"%3d",p->data);
            printf("%3d",p->data);
            if(p->next!=NULL)
            {
                fprintf(pf,"->");
                printf("->");
            }
            p=p->next;
        }
        fprintf(pf,"\n");
        printf("\n");
        fclose(pf);
        p=h;
        while(p)
        {
            s=p;
            p=p->next;
```

```
        free(s);
    }
} }
main()
{
    char *filename="out53.dat";
    int n;
    printf("\nInput n:");
    scanf("%d",&n);
    fun(n,filename);
}
```

☆☆☆☆☆☆☆☆☆☆☆☆☆☆☆☆☆☆☆☆☆☆☆☆☆☆☆☆☆☆☆☆☆☆☆☆☆

第 54 题

请补充函数 fun，该函数的功能是比较字符串 str1 和 str2 的大小，并返回比较的结果。

例如：当 str1="abcd"，str2="abc" 时，fun 函数返回 ">"。

注意：部分源程序给出如下。

请勿改动主函数 main 和其他函数中的任何内容，仅在 fun 函数的横线上填入所编写的若干表达式或语句。

试题程序：

```
#include <stdio.h>
#include <conio.h>
#define N 80
char *fun(char *str1, char *str2)
{
    char *p1 = str1, *p2 = str2;
    while (*p1 && *p2)
    {
        if (___1___)
            return "<";
        if (___2___)
            return ">";
        p1++;
        p2++;
    }
    if (*p1 == *p2)
        return "==";
    if (*p1 == ___3___)
```

49

```
            return "<";
        else
            return ">";
    }
main()
{
    char  str1[N], str2[N];
    printf("Input str1:\n");
    gets(str1);
    printf("Input str2:\n");
    gets(str2);
    printf("\n*******the result********\n");
    printf("\nstr1 %s str2", fun(str1, str2));
}
```

☆☆☆☆☆☆☆☆☆☆☆☆☆☆☆☆☆☆☆☆☆☆☆☆☆☆☆☆☆☆☆☆☆☆☆☆☆☆☆

第 55 题

请补充 fun 函数，该函数的功能是：寻找两个整数之间的所有素数（包括这两个整数），把结果保存在数组 bb 中，函数返回素数的个数。

例如：输入 3 和 17，则输出为：3   5   7   11   13   17

注意：部分源程序给出如下。

请勿改动主函数 main 和其他函数中的任何内容，仅在 fun 函数的横线上填入所编写的若干表达式或语句。

试题程序：

```
#include <conio.h>
#include <stdio.h>
#define  N 1000
int fun(int  n, int  m, int  bb[N])
{
    int  i, j, k = 0, flag;
    for (j=n; j<=m; j++)
    {
        ___1___;
        for (i=2; i<j; i++)
            if (___2___)
            {
                flag = 0;
                break;
```

```
                    }
            if (___3___)
                    bb[k++] = j;
        }
        return k;
}
main()
{
        int  n = 0, m = 0, i, k;
        int  bb[N];
        printf("Input n\n");
        scanf("%d", &n);
        printf("Input m\n");
        scanf("%d", &m);
        for (i=0; i<m-n; i++)
            bb[i] = 0;
        k = fun(n, m, bb);
        for (i=0; i<k; i++)
            printf("%4d", bb[i]);
}
```

★★

第 56 题

请补充 main 函数，该函数的功能是把文本文件 B 中的内容追加到文本文件 A 的内容之后。

例如，文件 B 的内容为 "I'm 12."，文件 A 的内容为 "I'm a students!"，追加之后文件 A 的内容为 "I'm a students!I'm 12."

注意：部分源程序给出如下。

仅在横线上填入所编写的若干表达式或语句，请勿改动函数中的其他任何内容。

试题程序：

```
#include <stdio.h>
#include <stdlib.h>
#define  N 80
main()
{
        FILE  *fp, *fp1, *fp2;
        int  i;
        char  c[N], ch;
```

```
fp = fopen("A.dat", "w");
fprintf(fp, "I'm File A.dat!\n");
fclose(fp);
fp = fopen("B.dat", "w");
fprintf(fp, "I'm File B.dat!\n");
fclose(fp);
if ((fp = fopen("A.dat", "r")) == NULL)
{
    printf("file A cannot be opened\n");
    exit(0);
}
printf("\n A contents are :\n\n");
for (i=0; (ch = fgetc(fp))!=EOF; i++)
{
    c[i] = ch;
    putchar(c[i]);
}
fclose(fp);
if ((fp=fopen("B.dat", "r")) == NULL)
{
    printf("file B cannot be opened\n");
    exit(0);
}
printf("\n\n\nB contents are :\n\n");
for (i=0; (ch = fgetc(fp))!=EOF; i++)
{
    c[i] = ch;
    putchar(c[i]);
}
fclose(fp);
if ((fp1=fopen("A.dat", "a")) ___1___ (fp2=fopen("B.dat", "r")))
{
    while ((ch=fgetc(fp2)) != EOF)
        ___2___;
}
else
{
    printf("Can not open A B !\n");
}
```

```
        fclose(fp2);
        fclose(fp1);
        printf("\n*******new A contents*********\n\n");
        if ((fp=fopen("A.dat", "r")) == NULL)
        {
            printf("file A cannot be opened\n");
            exit(0);
        }
        for (i=0; (ch=fgetc(fp))!=EOF; i++)
        {
            c[i] = ch;
            putchar(c[i]);
        }
        ___3___;
}
```

★★

第 57 题

请补充 fun 函数，该函数的功能是：计算并输出下列多项式的值。

$$S=1+\frac{1}{1+2}+\frac{1}{1+2+3}+\cdots+\frac{1}{1+2+3+\cdots+50}$$

例如，若主函数从键盘给 n 输入 50 后，则输出为 S=1.960784。

注意：部分源程序给出如下。

请勿改动主函数 main 和其他函数中的任何内容，仅在 fun 函数的横线上填入所编写的若干表达式或语句。

试题程序：

```
#include <stdio.h>
___1___  fun(int  n)
{
    int  i, j;
    double  sum = 0.0, t;
    for (i=1; i<=n; i++)
    {
        t = 0.0;
        for (j=1; j<=i; j++)
            t += ___2___;
        sum += ___3___;
    }
```

```
        return sum;
    }
main()
{
    int  n;
    double  s;
    printf("\nInput n: ");
    scanf("%d", &n);
    s = fun(n);
    printf("\n\ns=%f\n\n", s);
}
```

☆☆☆☆☆☆☆☆☆☆☆☆☆☆☆☆☆☆☆☆☆☆☆☆☆☆☆☆☆☆☆☆☆☆☆☆

第 58 题

请补充 main 函数，该函数的功能是：求 n!。

例如，5!=120

注意：部分源程序给出如下。

仅在横线上填入所编写的若干表达式或语句，请勿改动函数中的其他任何内容。

试题程序：

```
#include <stdio.h>
#include <conio.h>
main()
{
    int  i, n;
    long  f=1;
    printf("Input  n: ");
    scanf("%d",___1___);
    for(___2___; i<=n; i++)
        ___3___;
    printf("%d ! = %ld\n", n, f);
}
```

☆☆☆☆☆☆☆☆☆☆☆☆☆☆☆☆☆☆☆☆☆☆☆☆☆☆☆☆☆☆☆☆☆☆☆☆

第 59 题

请补充 main 函数，该函数的功能是，计算两个自然数 n 和 m（m<10000）之间所有数的和。n 和 m 从键盘输入。

例如，当 n=1，m=100 时，sum=5050，当 n=100，m=1000 时，sum=495550。

注意：部分源程序给出如下。

仅在横线上填入所编写的若干表达式或语句，请勿改动函数中的其他任何内容。

试题程序：

```c
#include <stdio.h>
#include <conio.h>
main()
{
    int  n, m;
    long  sum;
    ___1___;
    printf("\nInput n,m\n");
    scanf("%d,%d", &n, &m);
    while (n <= m)
    {
        ___2___;
        n++;
    }
    printf("sum=%___3___\n", sum);
}
```

★★★

第 60 题

请补充 fun 函数，该函数的功能是把数组 bb 中的数按从大到小排列。数组的值及元素个数从主函数中输入。

例如，输入 2 1 3 5 4，结果为 1 2 3 4 5。

注意：部分源程序给出如下。

请勿改动主函数 main 和其他函数中的任何内容，仅在 fun 函数的横线上填入所编写的若干表达式或语句。

试题程序：

```c
#include <stdio.h>
#define  N 100
void fun(int  bb[], int  n)
{
    int  i, j, t;
    for (i=0; ___1___; i++)
        for (j=0; ___2___; j++)
            if (bb[j] > bb[j+1])
            {
                t = bb[j];
```

```
                    bb[j] = bb[j+1];
                    bb[j+1] = t;
                }
}
main()
{
    int  i = 0, n = 0;
    int  bb[N];
    printf("\nInput n:\n");
    scanf("%d", &n);
    printf("\nInput data:\n");
    while (i < n)
    {
        printf("bb[%d]=", i);
        scanf("%d", &bb[i]);
        i++;
    }
    fun(bb, n);
    printf("\n******** the result ********\n");
    for (i=0; i<n; i++)
        printf("%4d", bb[i]);
}
```

☆☆

第 61 题

请补充 main 函数，该函数的功能是：计算每个学生科目的平均分，并把结果保存在数组 bb 中。

例如，当 score[N][M]={{78.5,84,83,65,63},{88,91.5,89,93,95},{72.5,65,56,75,77}}时，三个学生的平均分为：74.7　91.3　69.1。

注意：部分源程序给出如下。

仅在横线上填入所编写的若干表达式或语句，请勿改动函数中的其他任何内容。

试题程序：

```
#include <stdio.h>
#define  N 3
#define  M 5
main()
{
    int  i, j;
```

```
    static float  score[N][M] =
    {
        {78.5, 84, 83, 65, 63},
        {88, 91.5, 89, 93, 95},
        {72.5, 65, 56, 75, 77}
    };
    float  bb[N];
    for (i=0; i<N; i++)
        ___1___;
    for (i=0; i<N; i++)
    {
        for (j=0; j<M; j++)
            ___2___;
        bb[i]  /= M;
    }
    for (i=0; i<N; i++)
        printf("\nstudent%d\taverage=%5.1f", i+1, bb[i]);
}
```

★★★

第62题

请补充 main 函数，该函数的功能是：从键盘输入一组字符串，以'*'结束输入，并显示出这个字符串。

例如，输入 abcdef*，结果显示 abcdef。

注意：部分源程序给出如下。

仅在横线上填入所编写的若干表达式或语句，请勿改动函数中的其他任何内容。

试题程序：

```
#include <stdio.h>
#define  N 80
main()
{
    int  i = -1, j = 0;
    char  str[N];
    printf("\n Input a string \n");
    do
    {
        i++;
        scanf(___1___);
```

```
    } while (___2___);
    printf("\n ******* display the string ******* \n");
    while (j < i)
    {
        printf(___3___);
        j++;
    }
}
```

****

第 63 题

已知学生的记录由学号和学习成绩构成，N名学生的数据已存入a结构体中，给定程序的功能是找出成绩最低的学生记录，通过形参返回主函数。

注意：部分源程序给出如下。

请勿改动主函数 main 和其他函数中的任何内容，仅在 fun 函数的横线上填入所编写的若干表达式或语句。

试题程序：

```
#include <stdio.h>
#include <string.h>
#define  N 10
typedef  struct ss
{
    char  num[10];
    int  s;
} STU;
fun(STU  a[], STU  *s)
{
    ___1___  h;
    int  i;
    h = a[0];
    for (i=1; i<N; i++)
        if (a[i].s < h.s)
            ___2___ = a[i];
    *s = ___3___;
}
main()
{
    STU  a[N] =
```

```
    {
        {"A01", 81}, {"A02", 89}, {"A03", 66}, {"A04", 87},
        {"A05", 77}, {"A06", 90}, {"A07", 79}, {"A08", 61},
        {"A09", 80}, {"A10", 71}
    }, m;
    int  i;
    printf("***** The original data *****\n");
    for (i=0; i<N; i++)
        printf("No = %s  Mark = %d\n", a[i].num, a[i].s);
    fun(a, &m);
    printf("*****  THE  RESULT *****\n");
    printf("The lowest  :  %s , %d\n", m.num, m.s);
}
```

★★★

第 64 题

请补充 main 函数，该函数的功能是：把字符串 str1 中的非空格字符拷贝到字符串 str2 中。

例如，若 str1="nice to meet you!"，则 str2="nicetomeetyou!"。

注意：部分源程序给出如下。

仅在横线上填入所编写的若干表达式或语句，请勿改动函数中的其他任何内容。

试题程序：

```
#include <stdio.h>
#define  N 80
main()
{
    static char  str1[N] = "nice to meet you!";
    char  str2[N];
    int  i = 0, j = 0;
    printf("\n****** str1 ******\n ");
    puts(str1);
    while (str1[i])
    {
        if (___1___)
            str2[j++] = str1[i];
        ___2___;
    }
    printf("\n****** str2 ******\n ");
```

```
    for (i=0; i<j; i++)
        printf("%c", str2[i]);
}
```

★★

第 65 题

请补充 main 函数，该函数的功能是：输出一个 N×N 矩阵，要求非周边元素赋值 0，周边元素赋值 1。

注意：部分源程序给出如下。

仅在横线上填入所编写的若干表达式或语句，请勿改动函数中的其他任何内容。

试题程序：

```
#include <stdio.h>
#define  N 10
main()
{
    int  bb[N][N];
    int  i, j, n;
    printf(" \nInput n:\n");
    scanf("%d", &n);
    for (i=0; i<n; i++)
        for (j=0; j<n; j++)
        {
            if (i==0||i==n-1||j==0||j==n-1)
                ___1___;
            else
                ___2___;
        }
    printf("\n ***** the result ******* \n");
    for (i=0; i<n; i++)
    {
        printf("\n\n");
        for (j=0; j<n; j++)
            printf("%4d", bb[i][j]);
    }
}
```

★★

第 66 题

请补充 main 函数，该函数的功能是：把一个整数插入到一个已经按从小到大顺序排列的数组中。插入后，数组仍然有序。

例如，在数组 bb[N]={11, 21, 31, 41, 51, 61, 71, 79, 81, 95}中插入 99，结果为：bb[N]={11, 21, 31, 41, 51, 61, 71, 79, 81, 95, 99}

注意：部分源程序给出如下。

仅在横线上填入所编写的若干表达式或语句，请勿改动函数中的其他任何内容。

试题程序：

```
#include <stdio.h>
#define  N 10
main()
{
    int  i, j;
    int  n;
    int  bb[N] = {11, 21, 31, 41, 51, 61, 71, 79, 81, 95};
    printf("\nInput n \n");
    scanf("%d", &n);
    printf("\nn=%d ", n);
    printf("\n****** original list ******* \n");
    for (i=0; i<N; i++)
        printf("%4d ", bb[i]);
    for (i=0; i<N; i++)
        if (n <= bb[i])
        {
            for (j=N; ___1___; j--)
                ___2___;
            bb[j] = n;
            ___3___;
        }
    if (i == N)
        bb[i] = n;
    printf("\n****** new list ******* \n");
    for (i=0; i<N+1; i++)
        printf("%4d ", bb[i]);
}
```

✭✭✭✭✭✭✭✭✭✭✭✭✭✭✭✭✭✭✭✭✭✭✭✭✭✭✭✭✭✭✭✭✭✭✭✭✭✭✭

第 67 题

请补充 main 函数，该函数的功能是：把一个二维字符数组每行字符串最大的字符拷贝到字符数组 s 中。

例如，如果 str[3]={"adefj","ehfkn","opwxres"}，则 s="jnx"。

注意：部分源程序给出如下。

仅在横线上填入所编写的若干表达式或语句，请勿改动函数中的其他任何内容。

试题程序：

```c
#include <stdio.h>
main()
{
    int  i = 0;
    char  *str[3] = {"adefj", "ehfkn", "opwxres"};
    char  **p;
    char  s[3];
    ____1____;
    for (i=0; i<3; i++)
    {
        s[i] = *p[i];
        while (*p[i])
        {
            if (s[i] < *p[i])
                s[i] = *p[i];
            ____2____;
        }
    }
    ____3____;
    printf(" new string \n");
    puts(s);
}
```

★★

第 68 题

请补充 main 函数，该函数的功能是：从键盘输入若干字符放到一个字符数组中，当按回车键时结束输入，最后输出这个字符数组中的所有字符。

注意：部分源程序给出如下。

仅在横线上填入所编写的若干表达式或语句，请勿改动函数中的其他任何内容。

试题程序：

```c
#include <stdio.h>
```

```
#include <ctype.h>
main()
{
    int  i = 0;
    char  s[81];
    char  *p = s;
    printf(" Input a string \n");
    for (i=0; i<80; i++)
    {
        s[i] = getchar();
        if (s[i] == '\n')
            ___1___;
    }
    s[i] = ___2___;
    printf(" display the string \n");
    while (*p)
        putchar(___3___);
}
```

☆☆

第 69 题

请补充 main 函数,该函数的功能是:从键盘输入两个字符串并分别保存在字符数组 str1 和 str2 中,用字符串 str2 替换字符串 str1 前面的所有字符,注意:str2 的长度不大于 str1, 否则需要重新输入。

例如,如果输入 str1="abced",str2="gg", 则输出 ggced。

注意:部分源程序给出如下。

仅在横线上填入所编写的若干表达式或语句,请勿改动函数中的其他任何内容。

试题程序:

```
#include <stdio.h>
#include <string.h>
main()
{
    char  str1[81], str2[81];
    char  *p1 = str1, *p2 = str2;
    do
    {
        printf(" Input str1 \n");
        gets(str1);
```

```
        printf(" Input str2 \n");
        gets(str2);
    } while (strlen(str1) ___1___ strlen(str2));
    while (___2___)
        *p1++ = *p2++;
    printf(" Display str1 \n");
    puts(___3___);
}
```

★★

第 70 题

给定程序功能是用选择排序法对 6 个字符串进行排序。

注意：部分源程序给出如下。

请勿改动主函数 main 和其他函数中的任何内容，仅在 fun 函数的横线上填入所编写的若干表达式或语句。

试题程序：

```
#include <stdio.h>
#include <string.h>
#define MAXLINE 20
fun(char *pstr[6])
{
    int i, j;
    char *p;
    for (i=0; i<5; i++)
        for (j=i+1; j<6; j++)
            if (strcmp(*(pstr+i), ___1___) > 0)
            {
                p = *(pstr+i);
                pstr[i] = ___2___;
                *(pstr + j) = ___3___;
            }
}
main()
{
    int i;
    char *pstr[6], str[6][MAXLINE];
    for (i=0; i<6; i++)
        pstr[i] = str[i];
```

```
    printf("\nEnter 6 string(1 string at each line): \n");
    for (i=0; i<6; i++)
        scanf("%s", pstr[i]);
    fun(pstr);
    printf("The strings after sorting:\n");
    for (i=0; i<6; i++)
        printf("%s\n", pstr[i]);
}
```

☆☆

第 71 题

给定程序中，函数 fun 的功能是：将形参指针所指结构体数组中的三个元素按 num 成员进行升序排列。

注意：部分源程序给出如下。

请勿改动主函数 main 和其他函数中的任何内容，仅在横线上填入所编写的若干表达式或语句。

试题程序：

```
#include <stdio.h>
typedef  struct
{
    int  num;
    char  name[10];
} PERSON;
void fun(PERSON ___1___ )
{
    ___2___  temp;
    if (std[0].num > std[1].num)
    {
        temp = std[0];
        std[0] = std[1];
        std[1] = temp;
    }
    if (std[0].num > std[2].num)
    {
        temp = std[0];
        std[0] = std[2];
        std[2] = temp;
    }
```

```
            if (std[1].num > std[2].num)
            {
                temp = std[1];
                std[1] = std[2];
                std[2] = temp;
            }
        }
main()
{
    PERSON  std[] = {5, "Zhanghu", 2, "WangLi", 6, "LinMin"};
    int  i;
    fun(___3___);
    printf("\nThe result is :\n");
    for (i=0; i<3; i++)
        printf("%d,%s\n", std[i].num, std[i].name);
}
```

★★★

第 72 题

请补充 main 函数，该函数的功能是：计算三个学生各科的平均分。

例如，当 score[N][M]={{78.5,84,83,65,63},{88,91.5,89,93,95},{72.5,65,56,75,77}}时，五科的平均分为：79.7　80.2　76.0　77.7　78.3。

注意：部分源程序给出如下。

仅在横线上填入所编写的若干表达式或语句，请勿改动函数中的其他任何内容。

试题程序：

```
#include <stdio.h>
#define  N 3
#define  M 5
main()
{
    int  i, j;
    static float  score[N][M] =
    {
        {78.5, 84, 83, 65, 63},
        {88, 91.5, 89, 93, 95},
        {72.5, 65, 56, 75, 77}
    };
    static float  bb[N];
```

```
    for (i=0; i<M; i++)
        bb[i] = 0.0;
    for (i=0; i<___1___; i++)
        for (j=0; j<___2___; j++)
            bb[j] += score[i][j];
    for (i=0; i<M; i++)
        printf("\nsubject%d\taverage=%5.1f", i+1, ___3___);
    return 0;
}
```

★★

第 73 题

请补充 main 函数，该函数的功能是：输出一个 N×N 矩阵，要求非对角线上的元素赋值 0，对角线元素赋值 1。

注意：部分源程序给出如下。

仅在横线上填入所编写的若干表达式或语句，请勿改动函数中的其他任何内容。

试题程序：

```
#include <stdio.h>
#define  N 10
main()
{
    int bb[N][N];
    int i, j, n;
    printf(" \nInput n:\n");
    scanf("%d", &n);
    for (i=0; i<n; i++)
        for (j=0; j<n; j++)
        {
            ___1___;
            if (i == j)
                bb[i][j] = ___2___;
            if (___3___)
                bb[i][j] = 1;
        }
    printf(" \n***** the result ******* \n");
    for (i=0; i<n; i++)
    {
        printf(" \n\n");
```

```
        for (j=0; j<n; j++)
            printf("%4d", bb[i][j]);
    }
}
```

★★

第 74 题

给定程序中，函数 fun 的功能是：将形参 std 所指结构体数组中年龄最大者的数据作为函数值返回，并在 main 函数中输出。

注意：部分源程序给出如下。

请勿改动主函数 main 和其他函数中的任何内容，仅在 fun 函数的横线上填入所编写的若干表达式或语句。

试题程序：

```
#include <stdio.h>
typedef  struct
{
    char  name[10];
    int  age;
} STD;
STD fun(STD  std[], int  n)
{
    STD  max;
    int  i;
    max = ___1___;
    for (i=1; i<n; i++)
        if (max.age < ___2___)
            max = std[i];
    return max;
}
main()
{
    STD  std[5] = {"aaa", 17, "bbb", 16, "ccc", 18, "ddd", 17, "eee", 15};
    STD  max;
    max = fun(std, 5);
    printf("\nThe result: \n");
    printf("\nName : %s,  Age : %d\n", ___3___, max.age);
}
```

★★

第 75 题

请补充 main 函数，该函数的功能是：求 1+2!+3!+...+N!的和。

例如，1+2!+3!+...+5!的和为 153。

注意：部分源程序给出如下。

仅在横线上填入所编写的若干表达式或语句，请勿改动函数中的其他任何内容。

试题程序：

```
#include <stdio.h>
main()
{
    int  i, n;
    long  s = 0, t = 1;
    printf("\nInput n:\n");
    scanf("%d", ___1___);
    for (i=1; i<=n; i++)
    {
        t = ___2___;
        s = ___3___;
    }
    printf("1!+2!+3!...+%d!=%ld\n", n, s);
}
```

✫✫

第 76 题

请补充 fun 函数，该函数的功能是：把字符串 str 中的字符按字符的 ASCII 码降序排列，处理后的字符串仍然保存在原串中，字符串及其长度作为函数参数传入。

例如，如果输入"abcde"，则输出为"edcba"。

注意：部分源程序给出如下。

请勿改动主函数 main 和其他函数中的任何内容，仅在 fun 函数的横线上填入所编写的若干表达式或语句。

试题程序：

```
#include <stdio.h>
#define  N 80
void fun(char  s[], int  n)
{
    int  i, j;
    char  ch;
    for (i=0; i<n; i++)
        for (j=___1___; j<n; j++)
```

```
                    if (s[i] < s[j])
                    {
                        ch = s[j];
                        ___2___;
                        s[i] = ch;
                    }
    }
    main()
    {
        int  i = 0, strlen = 0;
        char  str[N];
        printf("\nInput a string:\n");
        gets(str);
        while (str[i] != '\0')
        {
            strlen++;
            i++;
        }
        fun(str, strlen);
        printf("\n********* display string *********\n");
        puts(str);
    }
```

☆☆

第 77 题

请补充 main 函数，该函数的功能是：如果数组 aa 的前一个元素比后一个元素小，则把它保存在数组 bb 中并输出。

例如，输入 45,55,62,42,35,52,78,95,66,73，则结果输出 45　55　35　52　78　66。

注意：部分源程序给出如下。

仅在横线上填入所编写的若干表达式或语句，请勿改动函数中的其他任何内容。

试题程序：

```
#include <stdio.h>
#define  N 10
main()
{
    int i, n = 0;
    int aa[N] = {45, 55, 62, 42, 35, 52, 78, 95, 66, 73};
    int bb[N];
```

```
    for (i=0;  i<___1___;  i++)
        if (aa[i] < aa[i+1])
            ___2___;
    printf("\n********* display bb *********\n");
    for (i=0;  i<n;  i++)
        printf("bb[%d]=%2d  ",  ___3___);
}
```

★★★

第 78 题

请补充 fun 函数，该函数的功能是：把字符的 ASCII 码为偶数的字符从字符串 str 中删除，结果仍然保存在字符串 str 中。字符串 str 从键盘输入，其长度作为参数传入 fun 函数。

例如，输入："abcdef"，输出："ace"。

注意：部分源程序给出如下。

请勿改动主函数 main 和其他函数中的任何内容，仅在 fun 函数的横线上填入所编写的若干表达式或语句。

试题程序：

```
#include <stdio.h>
#define  N 80
void ___1___
{
    int  i, j;
    ___2___;
    for (i=0;  i<n;  i++)
        if (s[i]%2 != 0)
            s[j++] = s[i];
    ___3___;
}
main()
{
    int  i = 0, strlen = 0;
    char  str[N];
    printf("\nInput a string:\n");
    gets(str);
    while (str[i] != '\0')
    {
        strlen++;
        i++;
```

```
    }
    fun(str, strlen);
    printf("\n********* display string *********\n");
    puts(str);
}
```

★★★

第 79 题

请补充 fun 函数，该函数的功能是把数组 aa 中的偶数元素按原来的先后顺序放在原数组后面。

例如，输入"45, 55, 62, 42, 35, 52, 78, 95, 66, 73"，则结果输出"45, 55, 35, 95, 73, 62, 42, 52, 78, 66"。

注意：部分源程序给出如下。

请勿改动主函数 main 和其他函数中的任何内容，仅在 fun 函数的横线上填入所编写的若干表达式或语句。

试题程序：

```
#include <stdio.h>
#define  N 10
void fun(int  aa[])
{
    int  i, j = 0, k = 0;
    int  bb[N];
    for (i=0; i<N; i++)
        if (____1____)
            bb[k++] = aa[i];
        else
            aa[j++] = aa[i];
    for (i=0; ____2____; i++, j++)
        aa[j] = bb[i];
}.
main()
{
    int  i;
    int  aa[N] = {45, 55, 62, 42, 35, 52, 78, 95, 66, 73};
    printf("\n******** original list ***********\n");
    for (i=0; i<N; i++)
        printf("%4d", aa[i]);
    fun(aa);
```

```
    printf("\n******** new list ***********\n");
    for (i=0; i<N; i++)
        printf("%4d", aa[i]);
}
```

☆☆☆

第 80 题

请补充 main 函数，该函数的功能是：把一维数组中的元素逆置。结果仍然保存在原数组中。

注意：部分源程序给出如下。

仅在横线上填入所编写的若干表达式或语句，请勿改动函数中的其他任何内容。

试题程序：

```
#include <stdio.h>
#define  N 10
main()
{
    int  i, j, t;
    int  bb[N];
    for (i=0; i<N; i++)
        bb[i] = i;
    printf("\n****** original list *******\n");
    for (i=0; i<N; i++)
        printf("%4d", bb[i]);
    for (j=0, ___1___; j<=i; j++, i--)
    {
        t = bb[j];
        ___2___;
        bb[i] = t;
    }
    printf("\n****** new list *******\n");
    for (i=0; i<N; i++)
        printf("%4d", bb[i]);
}
```

☆☆☆

第 81 题

给定程序中，函数fun的功能是：计算N×N矩阵的主对角线元素和反向对角线元素之和，并作为函数值返回。注意：要求先累加主对角线元素中的值，然后累加反向对角线元素中的值。

例如，若N=3，有下列矩阵：

$$\begin{matrix} 1 & 2 & 3 \\ 4 & 5 & 6 \\ 7 & 8 & 9 \end{matrix}$$

fun 函数首先累加 1、5、9，然后累加 3、5、7，函数的返回值为 30。

注意：部分源程序给出如下。

请勿改动主函数 main 和其他函数中的任何内容，仅在 fun 函数的横线上填入所编写的若干表达式或语句。

试题程序：

```
#include <stdio.h>
#define N 4
fun(int  t[][N], int  n)
{
    int  i, sum;
    ___1___;
    for (i=0; i<n; i++)
        sum += ___2___;
    for (i=0; i<n; i++)
        sum += t[i][n-i-___3___];
    return sum;
}
main()
{
    int  i, j, t[][N] =
        {21, 2, 13, 24, 25, 16, 47, 38, 29, 11, 32, 54, 42, 21, 3, 10};
    printf("\nThe original data:\n");
    for (i=0; i<N; i++)
    {
        for (j=0; j<N; j++)
            printf("%4d", t[i][j]);
        printf("\n");
    }
    printf("The result is: %d", fun(t, N));
}
```

★★★

第 82 题

请补充 main 函数，该函数的功能是：打印出 1~1000 中满足个位数字的立方等于其本身的所有数。本题的结果为：1 64 125 216 729。

注意：部分源程序给出如下。

仅在横线上填入所编写的若干表达式或语句，请勿改动函数中的其他任何内容。

试题程序：

```
#include <stdio.h>
main()
{
    int  i, g;
    for (i=1; i<1000; i++)
    {
        g = ___1___;
        if (___2___)
            printf("%4d", i);
    }
}
```

★★★

第 83 题

请补充 main 函数，该函数的功能是：从键盘输入一个字符串及一个指定字符，然后把这个字符及其后面的所有字符全部删除。结果仍然保存在原串中。

例如，输入"abcdef"，指定字符为'c'，则输出"ab"。

注意：部分源程序给出如下。

仅在横线上填入所编写的若干表达式或语句，请勿改动函数中的其他任何内容。

试题程序：

```
#include <stdio.h>
#define  N 80
main()
{
    int  i = 0;
    char  str[N];
    char  ch;
    printf("\n Input a string:\n");
    gets(str);
    printf("\n Input a charater:\n");
    scanf("%c", &ch);
    while (str[i] != '\0')
```

```
    {
        if (str[i] == ch)
            ___1___
        ___2___;
    }
    str[i] = ___3___;
    printf("\n********* display string *********\n");
    puts(str);
}
```

☆☆☆☆☆☆☆☆☆☆☆☆☆☆☆☆☆☆☆☆☆☆☆☆☆☆☆☆☆☆☆☆☆☆☆☆☆

第 84 题

请补充 main 函数，该函数的功能是：输出方程组 A+B=52，A+2B=60 的一组正整数解。本题的结果是：A=44，B=8。

注意：部分源程序给出如下。

仅在横线上填入所编写的若干表达式或语句，请勿改动函数中的其他任何内容。

试题程序：

```
#include <stdio.h>
main()
{
    int  i, j;
    for (i=0; i<100; i++)
        for (j=0; j<100; j++)
            if (i+j==52 ___1___ i+2*j==60)
                printf("A=%2d,B=%2d", ___2___);
}
```

☆☆☆☆☆☆☆☆☆☆☆☆☆☆☆☆☆☆☆☆☆☆☆☆☆☆☆☆☆☆☆☆☆☆☆☆☆

第 85 题

给定程序中，函数fun的功能是：有N×N矩阵，以主对角线为对称线，对称元素相加并将结果存放在左下三角元素中，右上三角元素置为0。

例如，若N=3，有下列矩阵：

$$\begin{array}{ccc} 1 & 2 & 3 \\ 4 & 5 & 6 \\ 7 & 8 & 9 \end{array}$$

计算结果为：

$$\begin{array}{ccc} 1 & 0 & 0 \\ 6 & 5 & 0 \end{array}$$

　　　　　10　　14　　9

注意：部分源程序给出如下。

　　请勿改动主函数main和其他函数中的任何内容，仅在fun函数的横线上填入所编写的若干表达式或语句。

　　试题程序：

```c
#include <stdio.h>
#define N 4
void fun(int (*t)___1___)
{
    int i, j;
    for (i=1; i<N; i++)
    {
        for (j=0; j<i; j++)
        {
            ___2___ = t[i][j]+t[j][i];
            ___3___ = 0;
        }
    }
}
main()
{
    int i, j, t[][N] =
        {21, 12, 13, 24, 25, 16, 47, 38, 29, 11, 32, 54, 42, 21, 33, 10};
    printf("\nThe original array:\n");
    for (i=0; i<N; i++)
    {
        for (j=0; j<N; j++)
            printf("%2d ", t[i][j]);
        printf("\n");
    }
    fun(t);
    printf("\nThe result is:\n");
    for (i=0; i<N; i++)
    {
        for (j=0; j<N; j++)
            printf("%2d ", t[i][j]);
        printf("\n");
    }
}
```

✫✫✫

第 86 题

给定程序中，函数fun的功能是：将N×N矩阵中元素的值按列右移1个位置，右边被移出矩阵的元素绕回左边。

例如，N=3，有下列矩阵：

1	2	3
4	5	6
7	8	9

计算结果为：

3	1	2
6	4	5
9	7	8

注意：部分源程序给出如下。

请勿改动主函数 main 和其他函数中的任何内容，仅在 fun 函数的横线上填入所编写的若干表达式或语句。

试题程序：

```c
#include <stdio.h>
#define N 4
void fun(int  (*t)[N])
{
    int  i, j, x;
    for (i=0; i<___1___; i++)
    {
        x = t[i][___2___];
        for (j=N-1; j>0; j--)
            t[i][j] = t[i][j-1];
        t[i][___3___] = x;
    }
}
main()
{
    int  i, j, t[][N] =
        {21, 12, 13, 24, 25, 16, 47, 38, 29, 11, 32, 54, 42, 21, 33, 10};
    printf("The original array:\n");
    for (i=0; i<N; i++)
    {
        for (j=0; j<N; j++)
            printf("%2d ", t[i][j]);
```

```
        printf("\n");
    }
    fun(t);
    printf("\nThe result is:\n");
    for (i=0; i<N; i++)
    {
        for (j=0; j<N; j++)
            printf("%2d ", t[i][j]);
        printf("\n");
    }
}
```

★★

第 87 题

请补充 main 函数，该函数的功能是：打印出满足个位上的数字、十位上的数字和百位上的数字都相等的所有三位数。

本题的结果为：111　222　333　444　555　666　777　888　999。

注意：部分源程序给出如下。

仅在横线上填入所编写的若干表达式或语句，请勿改动函数中的其他任何内容。

试题程序：

```
#include <stdio.h>
main()
{
    int g, s, b;
    for (g=1; g<10; g++)
        for (s=1; s<10; s++)
            for (b=1; b<10; b++)
                if (g==s ___1___ s==b)
                    printf("%5d", ___2___ s*10+b*100);
}
```

★★

第 88 题

请补充 fun 函数，该函数的功能是：返回字符数组中指定字符的个数，指定字符从键盘输入。

注意：部分源程序给出如下。

请勿改动主函数 main 和其他函数中的任何内容，仅在 fun 函数的横线上填入所编写的若干表达式或语句。

试题程序:

```c
#include <stdio.h>
#define  N 80
int fun(char  s[], char  ch)
{
    int  i = 0, n = 0;
    while (___1___)
    {
        if (___2___)
            n++;
        i++;
    }
    ___3___;
}
main()
{
    int  n;
    char  str[N], ch;
    printf("\nInput a string:\n");
    gets(str);
    printf("\nInput a character:\n");
    scanf("%c", &ch);
    n=fun(str, ch);
    printf("\nnumber of %c: %d", ch, n);
}
```

☆☆☆☆☆☆☆☆☆☆☆☆☆☆☆☆☆☆☆☆☆☆☆☆☆☆☆☆☆☆☆☆☆☆☆☆☆

第 89 题

从键盘输入一组小写字母,保存在字符数组 str 中。请补充 fun 函数,该函数的功能是:把字符数组 str 中字符下标为奇数的小写字母转换成对应的大写字母,结果仍保存在原数组中。

例如,输入:"abcdefg",输出:"aBcDeFg"。

注意:部分源程序给出如下。

请勿改动主函数 main 和其他函数中的任何内容,仅在 fun 函数的横线上填入所编写的若干表达式或语句。

试题程序:

```c
#include <stdio.h>
#define  N 80
```

```
void fun(char  s[])
{
    int  i = 0;
    while (___1___)
    {
        if (i%2 != 0)
            s[i] -= ___2___;
        ___3___;
    }
}
main()
{
    char  str[N];
    printf("\n Input a string: \n");
    gets(str);
    printf("\n******** original string ********\n");
    puts(str);
    fun(str);
    printf("\n******** new string ********\n");
    puts(str);
}
```

☆☆☆

第 90 题

人员的记录由编号和出生年、月、日组成，N名人员的数据已在主函数中存入结构体数组std中，且编号唯一。函数fun的功能是：找出指定编号人员的数据，作为函数值返回，由主函数输出，若指定编号不存在，返回数据中的编号为空串。

注意：部分源程序给出如下。

请勿改动主函数main和其他函数中的任何内容，仅在fun函数的横线上填入所编写的若干表达式或语句。

试题程序：

```
#include <stdio.h>
#include <string.h>
#define N 8
typedef  struct
{
    char  num[10];
    int  year, month, day;
```

```
    } STU;
    ___1___ fun(STU *std, char *num)
    {
        int i;
        STU a = {"", 9999, 99, 99};
        for (i=0; i<N; i++)
            if (strcmp(___2___, num) == 0)
                return (___3___);
        return a;
    }
    main()
    {
        STU std[N] =
        {
            {"111111", 1984, 2, 15}, {"222222", 1983, 9, 21},
            {"333333", 1984, 9, 1}, {"444444", 1983, 7, 15},
            {"555555", 1984, 9, 28}, {"666666", 1983, 11, 15},
            {"777777", 1983, 6, 22}, {"888888", 1984, 8, 19}
        };
        STU p;
        char n[10] = "666666";
        p = fun(std, n);
        if (p.num[0] == 0)
        {
            printf("\nNot found !\n");
        }
        else
        {
            printf("\nSucceed !\n ");
            printf("%s  %d-%d-%d\n", p.num, p.year, p.month, p.day);
        }
    }
```

☆☆

第 91 题

请补充 fun 函数，该函数的功能是：求 100（不包括 100）以内能被 2 或 3 整除，但不能同时被 2 和 3 整除的自然数。结果保存在数组 bb 中，fun 函数返回数组 bb 元素的个数。

注意：部分源程序给出如下。

请勿改动主函数 main 和其他函数中的任何内容，仅在 fun 函数的横线上填入所编写的若干表达式或语句。

试题程序：

```c
#include <stdio.h>
#define N 100
int fun(int bb[])
{
    int i, j;
    for (___1___; i<100; i++)
        if ((i%2!=0 && i%3==0) || (i%2==0 && i%3!=0))
            ___2___;
    ___3___;
}
main()
{
    int i, n;
    int bb[N];
    n = fun(bb);
    for (i=0; i<n; i++)
    {
        if (i%10 == 0)
            printf("\n");
        printf("%4d", bb[i]);
    }
}
```

✰✰✰

第 92 题

请补充 main 函数，该函数的功能是：把字符串 str 中的字符向前移动一位，原来的第一个字符移动到字符串尾，结果仍然保存在原字符串中。

例如，输入 "how are you？"，则结果输出 "ow are you?h"。

注意：部分源程序给出如下。

仅在横线上填入所编写的若干表达式或语句，请勿改动函数中的其他任何内容。

试题程序：

```c
#include <stdio.h>
#define N 80
main()
{
```

```
    char  str[N], ch;
    int  i;
    printf("\n Input a string: \n");
    gets(str);
    printf("\n******** original string ********\n");
    puts(str);
    ch = str[0];
    for (i=0; ___1___; i++)
        str[i] = str[i+1];
    ___2___;
    printf("\n ******** new string ******** \n");
    puts(str);
}
```

☆☆☆☆☆☆☆☆☆☆☆☆☆☆☆☆☆☆☆☆☆☆☆☆☆☆☆☆☆☆☆☆☆☆☆☆☆

第 93 题

请补充 fun 函数，该函数的功能是：交换数组 aa 中最大和最小两个元素的位置，结果重新保存在原数组中，其他元素位置不变。注意数组 aa 中没有相同元素。

例如，输入 "45,55,62,42,35,52,78,95,66,73"，则输出 "45,55,62,42,95,52,78,35,66,73"。

注意：部分源程序给出如下。

请勿改动主函数 main 和其他函数中的任何内容，仅在 fun 函数的横线上填入所编写的若干表达式或语句。

试题程序：

```
#include <stdio.h>
#define  N 10
void fun(int  aa[])
{
    int  i, t;
    int  max = 0, min = 0;
    for (i=0; i<N; i++)
    {
        if (___1___)
            max = i;
        if (___2___)
            min = i;
    }
    t = aa[max];
    ___3___;
```

```
        aa[min] = t;
    }
main()
{
    int  i;
    int  aa[N] = {45, 55, 62, 42, 35, 52, 78, 95, 66, 73};
    printf("\n******** original list **********\n");
    for (i=0; i<N; i++)
        printf("%4d", aa[i]);
    fun(aa);
    printf("\n******** new list **********\n");
    for (i=0; i<N; i++)
        printf("%4d", aa[i]);
}
```

★★★

第 94 题

请补充 fun 函数，该函数的功能是：删除字符数组中比指定字符小的字符，指定字符从键盘输入，结果仍保存在原数组中。

例如，输入"abcdefghij"，指定字符为'd'，则结果输出"defghij"。

注意：部分源程序给出如下。

请勿改动主函数 main 和其他函数中的任何内容，仅在 fun 函数的横线上填入所编写的若干表达式或语句。

试题程序：

```
#include <stdio.h>
#define  N 80
void fun(char  s[], char  ch)
{
    int  i = 0, j = 0;
    while (s[i])
    {
        if (s[i] < ch)
        {
            ___1___;
        }
        else
        {
            ___2___;
```

```
            i++;
        }
    }
    ___3___;
}
main()
{
    char  str[N], ch;
    printf("\n Input a string:\n");
    gets(str);
    printf("\n******** original string ********\n");
    puts(str);
    printf("\n Input a character :\n");
    scanf("%c", &ch);
    fun(str, ch);
    printf("\n******** new string ********\n");
    puts(str);
}
```

☆☆☆

第 95 题

给定程序功能是计算S=f(-n)+f(-n+1)+…+f(0)+f(1)+f(2)+…+f(n)的值。

例如，当n为5时，函数值应为：10.407143。

$$f(x) = \begin{cases} (x+1)/(x-2) & x > 0 \\ 0 & x = 0或x = 2 \\ (x-1)/(x-2) & x < 0 \end{cases}$$

注意：部分源程序给出如下。

请勿改动主函数 main 中的任何内容，仅在 f 函数和 fun 函数的横线上填入所编写的若干表达式或语句。

试题程序：

```
#include <stdio.h>
#include <math.h>
double f(double  x)
{
    if (fabs(x-0.0)<1e-6 || fabs(x-2.0)<1e-6)
        return ___1___;
    else if (x < 0.0)
```

```
            return (x-1)/(x-2);
        else
            return (x+1)/(x-2);
    }
double fun(int  n)
{
    int  i;
    double  s = 0.0, y;
    for (i=-n; i<=___2___; i++)
    {
        y = f(1.0*i);
        s += y;
    }
    return ___3___;
}
main()
{
    printf("%lf\n", fun(5));
}
```

☆☆☆☆☆☆☆☆☆☆☆☆☆☆☆☆☆☆☆☆☆☆☆☆☆☆☆☆☆☆☆☆☆☆☆☆

第 96 题

请补充 fun 函数，该函数的功能是：从键盘输入一个下标 n，把数组 aa 中比元素 aa[n] 小的元素放在它的左边，比它大的元素放在它的右边，排列成的新数组仍然保存在原数组中。

例如，数组 aa={45, 55, 62, 42, 35, 52, 78, 95, 66, 73}，输入 2，结果输出"45, 55, 42, 35, 52, 62, 78, 95, 66, 73"。

注意：部分源程序给出如下。

请勿改动主函数 main 和其他函数中的任何内容，仅在 fun 函数的横线上填入所编写的若干表达式或语句。

试题程序：

```
#include <stdio.h>
#define N 10
void fun(int  aa[], int  n)
{
    int  i, j = 0, k = 0, t;
    int  bb[N];
    t = aa[n];
```

```
        for (i=0; i<N; i++)
        {
            if (aa[i] > t)
                bb[j++] = aa[i];
            if(aa[i] < t)
                aa[k++] = aa[i];
        }
        ___1___;
        for (i=0; ___2___; i++, k++)
            aa[k] = bb[i];
}
main()
{
    int  i, n;
    int  aa[N] = {45, 55, 62, 42, 35, 52, 78, 95, 66, 73};
    printf("\n******** original list ***********\n");
    for (i=0; i<N; i++)
        printf("%4d", aa[i]);
    printf("\n suffix n\n");
    scanf("%d", &n);
    fun(aa, n);
    printf("\n******** new list ***********\n");
    for (i=0; i<N; i++)
        printf("%4d", aa[i]);
}
```

☆☆☆

第 97 题

给定程序的功能是将未在字符串s中出现，而在字符串t中出现的字符，形成一个新的字符串放在u中，u中字符按原字符串中字符顺序排序，但去掉重复字符。

例如：当s="12345"，t="24677"时，u中的字符为："67"。

注意：部分源程序给出如下。

请勿改动主函数 main 和其他函数中的任何内容，仅在 fun 函数的横线上填入所编写的若干表达式或语句。

试题程序：

```
#include <stdio.h>
#include <string.h>
void fun (char  *s, char  *t, char  *u)
```

```
{
    int i, j, sl, tl, k, ul = 0;
    sl = strlen(s);
    tl = strlen(t);
    for (i=0; i<tl; i++)
    {
        for (j=0; j<sl; j++)
            if (t[i] == s[j])
                break;
        if (j >= sl)
        {
            for (k=0; k<ul; k++)
                if (t[i] == u[k])
                    ___1___;
            if (k >= ul)
                u[ul++] = ___2___;
        }
    }
    ___3___ = '\0';
}
main()
{
    char s[100], t[100], u[100];
    printf("\nPlease enter string s:");
    scanf("%s", s);
    printf("\nPlease enter string t:");
    scanf("%s", t);
    fun(s, t, u);
    printf("The result is: %s\n", u);
}
```

☆☆

第98题

数组 str 全由大小写字母字符组成。请补充 fun 函数，该函数的功能是：请把 str 中的字母转换成紧接着的下一个字母，如果原来的字母为'z'或'Z'，则相应地转换成'a'或'A'，结果仍保存在原数组中。

例如，输入"AboutZz"，则输出"BcpvuAa"。

注意：部分源程序给出如下。

请勿改动主函数 main 和其他函数中的任何内容，仅在 fun 函数的横线上填入所编写的若干表达式或语句。

试题程序：

```
#include <stdio.h>
#define N 80
void fun(char s[])
{
    int i;
    for (i=0; ___1___; i++)
        if (s[i]=='z' || s[i]=='Z')
            s[i] -= ___2___;
        else
            s[i] += ___3___;
}
main()
{
    char str[N];
    printf("\n Input a string: \n");
    gets(str);
    printf("\n******** original string ********\n");
    puts(str);
    fun(str);
    printf("\n******** new string ********\n");
    puts(str);
}
```

☆☆☆☆☆☆☆☆☆☆☆☆☆☆☆☆☆☆☆☆☆☆☆☆☆☆☆☆☆☆☆☆☆☆☆☆☆☆

第 99 题

请补充 main 函数，该函数的功能是：求 1~100（不包括 100）以内所有素数的平均值。

注意：部分源程序给出如下。

仅在横线上填入所编写的若干表达式或语句，请勿改动函数中的其他任何内容。

试题程序：

```
#include <stdio.h>
main()
{
    int i, j, n = 0, flag;
    float aver = 0;
    for (j=2; j<100; j++)
```

```
    {
        flag = 1;
        for (i=2; i<j; i++)
            if (___1___)
            {
                flag = 0;
                break;
            }
        if (___2___)
        {
            n++;
            aver += j;
        }
    }
    printf("\n\n average=%4.2f", ___3___);
}
```

☆☆

第 100 题

请补充 fun 函数，该函数的功能是：把字符下标能被 2 或 3 整除的字符从字符串 str 中删除，把剩余的字符重新保存在字符串 str 中。字符串 str 从键盘输入，其长度作为参数传入 fun 函数。

例如，输入"abcdefghijk"，输出"bfh"。

注意：部分源程序给出如下。

请勿改动主函数 main 和其他函数中的任何内容，仅在 fun 函数的横线上填入所编写的若干表达式或语句。

试题程序：

```
#include <stdio.h>
#define  N 80
void fun(char  s[], int  n)
{
    int  i, k;
    ___1___;
    for (i=0; i<n; i++)
    {
        s[k++] = s[i];
        if ((i%2==0) ___2___ (i%3==0))
            k--;
```

```
        }
        ___3___;
}
main()
{
    int  i = 0, strlen = 0;
    char  str[N];
    printf("\nInput a string:\n");
    gets(str);
    while (str[i] != '\0')
    {
        strlen++;
        i++;
    }
    fun(str, strlen);
    printf("\n********* display string *********\n");
    puts(str);
}
```

第二部分 改错题

第 1 题

下列给定程序的功能是：读入一个整数 k (2≤k≤10000)，打印它的所有质因子（即所有为素数的因子）。例如，若输入整数 2310，则应输出：2、3、5、7、11。

请改正程序中的错误，使程序能得出正确的结果。

注意：不要改动 main 函数，不得增行或删行，也不得更改程序的结构。

试题程序：

```c
#include <conio.h>
#include <stdio.h>
/********found********/
IsPrime(int  n);
{
    int  i, m;
    m = 1;
    /********found********/
    for (i=2; i<n; i++)
        if !(n%i)
        {
            m = 0;
            break;
        }
    return(m);
}
main()
{
    int  j, k;
    printf("\nplease enter an integer number between 2 and 10000:");
    scanf("%d", &k);
    printf("\n\nThe prime factor(s) of %d is(are):", k);
    for (j=2; j<k; j++)
        if ((!(k%j)) && (IsPrime(j)))
            printf(" %4d,", j);
    printf("\n");
}
```

★★

第 2 题

下列给定程序中，函数 fun 的功能是：逐个比较 a、b 两个字符串对应位置中的字符，把 ASCII 值大或相等的字符依次存放在到 c 数组中，形成一个新的字符串。例如，若 a 中的字符串为 aBCDeFgH，b 中的字符串为：ABcd，则 c 中的字符串应为：aBcdeFgH。

请改正程序中的错误，使它能得出正确的结果。

注意：不要改动 main 函数，不得增行或删行，也不得更改程序的结构。

试题程序：

```
#include <stdio.h>
#include <string.h>
void fun(char  *p, char  *q, char  *c)
{
    /********found********/
    int  k = 1;
    /********found********/
    while (*p != *q)
    {
        if (*p < *q)
            c[k] = *q;
        else
            c[k] = *p;
        if (*p)
            p++;
        if (*q)
            q++;
        k++;
    }
}
main()
{
    char  a[10] = "aBCDeFgH", b[10] = "ABcd", c[80] = {'\0'};
    fun(a, b, c);
    printf("The string a:");
    puts(a);
    printf("The string b:");
    puts(b);
    printf("The result:");
    puts(c);
```

```
    }
```
★★★

第 3 题

下列给定程序中，函数 fun 的功能是：依次取出字符串中所有数字字符，形成新的字符串，并取代原字符串。

请改正函数 fun 中的错误，使它能得出正确的结果。

注意：不要改动 main 函数，不得增行或删行，也不得更改程序的结构。

试题程序：

```c
#include <stdio.h>
#include <conio.h>
void fun(char  *s)
{
    int  i, j;
    /********found********/
    for (i=0, j=0; s[i]!='\0'; i++)
        if (s[j]>='0' && s[i]<='9')
            s[j] = s[i];
    /********found********/
    s[j] = "\0";
}
main()
{
    char  item[80];
    printf("\nEnter a string :");
    gets(item);
    printf("\n\nThe string is : %s\n", item);
    fun(item);
    printf("\n\nThe string of changing is : %s\n", item);
}
```
★★★

第 4 题

下列给定程序中，fun 函数的功能是：分别统计字符串中大写字母和小写字母的个数。例如，给字符串 s 输入：AaaaBBb123CCccccd，则应输出结果：upper = 5，lower = 9。

请改正程序中的错误，使它能计算出正确的结果。

注意：不要改动 main 函数，不得增行或删行，也不得更改程序的结构。

试题程序：

```c
#include <conio.h>
```

```
#include <stdio.h>
/********found********/
void fun(char *s, int a, int b)
{
    while (*s)
    {
        /********found********/
        if (*s>='A' && *s<='Z')
            a++;
        /********found********/
        if (*s>='a' && *s<='z')
            b++;
        s++;
    }
}
main()
{
    char s[100];
    int upper = 0, lower = 0;
    printf("\nPlease a string : ");
    gets(s);
    fun(s, &upper, &lower);
    printf("\n upper=%d lower=%d\n", upper, lower);
}
```

☆☆

第 5 题

假定整数数列中的数不重复，并存放在数组中。下列给定程序中，函数 fun 的功能是：删除数列中值为 x 的元素，同时将其他元素前移。n 中存放的是数列中元素的个数。

请改正程序中的错误，使它能得出正确的结果。

注意：不要改动 main 函数，不得增行或删行，也不得更改程序的结构。

试题程序：

```
#include <stdio.h>
#define N 20
fun(int *a, int n, int x)
{
    int p = 0, i;
    a[n] = x;
    while (x != a[p])
```

```c
            p = p+1;
    if (p == n)
    {
        return -1;
    }
    else
    {
        /********found********/
        for (i=p; i<n; i++)
            a[i+1] = a[i];
        return n-1;
    }
}
main()
{
    int  w[N] = {-3, 0, 1, 5, 7, 99, 10, 15, 30, 90}, x, n, i;
    n = 10;
    printf("The original data:\n");
    for (i=0; i<n; i++)
        printf("%5d", w[i]);
    printf("\nInput x (to delete):");
    scanf("%d", &x);
    printf("Delete :%d\n", x);
    n = fun(w, n, x);
    if (n == -1)
    {
        printf("***Not be found!***\n\n");
    }
    else
    {
        printf("The data after delete :\n");
        for (i=0; i<n; i++)
            printf("%5d", w[i]);
        printf("\n\n");
    }
}
```

☆☆☆

第 6 题

下列给定程序中，函数 fun 的功能是：根据整型形参 m 的值，计算如下公式的值。

$$t=1-\frac{1}{2\times2}-\frac{1}{3\times3}-\cdots-\frac{1}{m\times m}$$

例如，若 m 中的值为 5，则应输出：0.536389。

请改正程序中的错误，使它能得出正确的结果。

注意：不要改动 main 函数，不得增行或删行，也不得更改程序的结构。

试题程序：

```
#include <conio.h>
#include <stdio.h>
double fun(int  m)
{
    double  y = 1.0;
    int  i;
    /********found********/
    for (i=2; i<m; i++)
        /********found********/
        y -= 1/(i*i);
    return(y);
}
main()
{
    int  n = 5;
    printf("\nThe result is %1f\n", fun(n));
}
```

☆☆

第 7 题

下列给定程序中函数 fun 的功能是：用选择法对数组中的 n 个元素按从小到大的顺序进行排序。

请修改程序中的错误，使它能计算出正确的结果。

注意：不要改动 main 函数，不得增行或删行，也不得更改程序的结构。

试题程序：

```
#include <stdio.h>
#define  N 20
void fun(int a[], int  n)
{
    int  i, j, t, p;
```

```
    for (j=0; j<n-1; j++)
    {
        /********found********/
        p = j;
        for (i=j; i<n; i++)
            if(a[i] < a[p])
            {
                /********found********/
                p = i;
                t = a[p];
                a[p] = a[i];
                a[i] = t;
            }
    }
}
main()
{
    int  a[N] = {9, 6, 8, 3, -1}, i, m = 5;
    printf("排序前: ");
    for (i=0; i<m; i++)
        printf("%d,", a[i]);
    printf("\n");
    fun(a, m);
    printf("排序后: ");
    for (i=0; i<m; i++)
        printf("%d,", a[i]);
    printf("\n");
}
```

☆☆

第 8 题

下列给定程序中，函数 fun 的功能是：在字符串 str 中找出 ASCII 码值最大的字符，将其放在第一个位置上；并将该字符前的原字符向后顺序移动。例如，调用 fun 函数之前给字符串输入：ABCDeFGH，调用后字符串中的内容为 eABCDFGH。

请改正程序中的错误，使程序能得出正确结果。

注意：不要改动 main 函数，不得增行或删行，也不得更改程序的结构。

试题程序：

```
#include <stdio.h>
/********found********/
```

99

```
void fun(char  *p);
{
    char  max, *q;
    int  i = 0;
    max = p[i];
    while  (p[i] != 0)
    {
        if  (max < p[i])
        {
            /********found********/
            max = p[i];
            p = q+i;
        }
        i++;
    }
    while  (q > p)
    {
        *q = *(q-1);
        q--;
    }
    p[0] = max;
}
main()
{
    char  str[80];
    printf("Enter a string: ");
    gets(str);
    printf("\nThe original string:   ");
    puts(str);
    fun(str);
    printf("\nThe string after moving: ");
    puts(str);
    printf("\n\n");
}
```

★★★

第 9 题

下列给定程序中，函数 fun 的功能是：从 n 个学生的成绩中统计出低于平均分的学生人数，此人数由函数值返回，平均分存放在形参 aver 所指的存储单元中。例如，若输入 8

名学生的成绩:

80.5　60　72　90.5　98　51.5　88　64

则低于平均分的学生人数为 4 (平均分为: 75.562500)。

请改正程序中的错误, 使程序能统计出正确的结果。

注意: 不要改动 main 函数, 不得增行或删行, 也不得更改程序的结构。

试题程序:

```c
#include <conio.h>
#include <stdio.h>
#define N 20
int fun(float *s, int n, float *aver)
{
    float  ave, t = 0.0;
    int  count = 0, k, i;
    /********found********/
    for (k=0; k<n; k++)
        t = s[k];
    ave = t/n;
    for (i=0; i<n; i++)
        if (s[i] < ave)
            count++;
    /********found********/
    *aver = &ave;
    return count;
}
main()
{
    float  s[30], aver;
    int  m, i;
    printf("\nPlease enter m: ");
    scanf("%d", &m);
    printf("\nPlease enter %d mark :\n ", m);
    for (i=0; i<m; i++)
        scanf("%f", s+i);
    printf("\nThe number of students : %d\n", fun(s, m, &aver));
    printf("Ave=%f\n", aver);
}
```

****

第 10 题

下列给定程序中，函数 fun 的功能是：将 s 所指字符串中出现的 t1 所指子串全部替换成 t2 所指子字符串，所形成的新串放在 w 所指的数组中。在此处，要求 t1 和 t2 所指字符串的长度相同。例如，当 s 所指字符串中的内容为 abcdabfab，t1 所指子串中的内容为 ab，t2 所指子串中的内容为 99 时，结果，在 w 所指的数组中的内容应为 99cd99f99。

请改正程序中的错误，使它能得出正确的结果。

注意：不要改动 main 函数，不得增行或删行，也不得更改程序的结构。

试题程序：

```
#include <conio.h>
#include <stdio.h>
#include <string.h>
/********found********/
void fun(char  *s, *t1, *t2, *w)
{
    int  i;
    char *p, *r, *a;
    strcpy(w, s);
    while (*w)
    {
        p = w;
        r = t1;
        /********found********/
        while (r)
            if (*r == *p)
            {
                r++;
                p++;
            }
            else
            {
                break;
            }
        if (*r == '\0')
        {
            a = w;
            r = t2;
            while (*r)
            {
```

```
                    *a = *r;
                    a++;
                    r++;
                }
            w += strlen(t2);
        }
        else
        {
            w++;
        }
    }
}
main()
{
    char  s[100], t1[100], t2[100], w[100];
    printf("\nPlease enter string s:");
    scanf("%s", s);
    printf("\nPlease enter substring t1:");
    scanf("%s", t1);
    printf("\nPlease enter substring t2:");
    scanf("%s", t2);
    if (strlen(t1) == strlen(t2))
    {
        fun(s, t1, t2, w);
        printf("\nThe result is :%s\n", w);
    }
    else
    {
        printf("Error :strlen(t1)!=strlen(t2)\n");
    }
}
```

☆☆

第 11 题

下列给定程序中，函数 fun 的功能是：将一个由八进制数字字符组成的字符串转换为与其面值相等的十进制整数。规定输入的字符串最多只能包含 5 位 8 进制数字。例如，若输入 77777，则输出将是 32767。

请改正程序中的错误，使它能得出正确结果。

注意：不要改动 main 函数，不得增行或删行，也不得更改程序的结构。

试题程序：

```c
#include <stdio.h>
#include <stdlib.h>
#include <string.h>
int fun(char *p)
{
    int n;
    /********found********/
    n=*p-'o';
    p++;
    /********found********/
    while (*p != 0)
    {
        n=n*7+*p-'o';
        p++;
    }
    return n;
}
main()
{
    char s[6];
    int i;
    int n;
    printf("Enter a string (octal digits): ");
    gets(s);
    if (strlen(s) > 5)
    {
        printf("Error:string too longer !\n\n");
        exit(0);
    }
    for (i=0; s[i]; i++)
        if (s[i]<'0' || s[i]>'7')
        {
            printf("Error: %c not is octal digits!\n\n", s[i]);
            exit(0);
        }
    printf("The original string: ");
    puts(s);
    n = fun(s);
```

```
        printf("\n%s is convered to intege number: %d\n\n", s, n);
}
```

✮✮

第 12 题

下列给定程序中函数 fun 的功能是：求出在字符串中最后一次出现的子字符串的地址，通过函数值返回，在主函数中输出从此地址开始的字符串；若未找到，则函数值为 NULL。

例如，当字符串中的内容为 abcdabfabcdx，t 中的内容为 ab 时，输出结果应是：abcdx。当字符串中的内容为 abcdabfabcdx，t 中的内容为 abd 时，则程序输出未找到信息：not be found!。

请改正程序中的错误，使程序能得出正确的结果。

注意：不要改动 main 函数，不得增行或删行，也不得更改程序的结构。

试题程序：

```c
#include <conio.h>
#include <stdio.h>
#include <string.h>
char *fun(char *s, char *t)
{
    char *p, *r, *a;
    /********found********/
    a = NuLL;
    while (*s)
    {
        p = s;
        r = t;
        while (*r)
            /********found********/
            if (r == p)
            {
                r++;
                p++;
            }
            else
            {
                break;
            }
        if (*r == '\0')
            a = s;
        s++;
```

```
        }
        return a;
}
main()
{
        char  s[100], t[100], *p;
        printf("\nplease enter string s:");
        scanf("%s", s);
        printf("\nplease enter substring t:");
        scanf("%s", t);
        p = fun(s, t);
        if (p)
            printf("\nthe result is:%s\n", p);
        else
            printf("\nnot found!\n");
}
```

★★

第 13 题

下列给定程序中，fun 函数的功能是：根据形参 m，计算如下公式的值。

$$t = 1 + \frac{1}{2} + \frac{1}{3} + \frac{1}{4} + \cdots + \frac{1}{m}$$

例如，若输入 5，则应输出 2.283333。

请改正程序中的错误或在横线处填上适当的内容并把横线删除，使它能计算出正确的结果。

注意：不要改动 main 函数，不得增行或删行，也不得更改程序的结构。

试题程序：

```
#include <conio.h>
#include <stdio.h>
double fun(int  m)
{
        double  t = 1.0;
        int  i;
        /********found********/
        for (i=2; i<=m; i++)
            t += 1.0/k;
        /********found********/
        ___填空___
}
```

```
main()
{
    int  m;
    printf("\nplease enter 1 integer numbers:\n");
    scanf("%d", &m);
    printf("\n\nthe result is %lf\n", fun(m));
}
```

✫✫✫

第 14 题

下列给定程序中，函数 fun 和 funx 的功能是：用二分法求方程 $2x^3-4x^2+3x-6=0$ 的一个根，并要求绝对误差不超过 0.001。例如，若给 m 输入-100，给 n 输入 90，则函数求得的一个根值为 2.000。

请改正程序中的错误，使它能得出正确的结果。

注意：不要改动 main 函数，不得增行或删行，也不得更改程序的结构。

试题程序：

```
#include <stdio.h>
#include <math.h>
double funx(double  x)
{
    return (2*x*x*x - 4*x*x + 3*x - 6);
}
double fun(double  m, double  n)
{
    /********found********/
    int  r;
    r = (m+n)/2;
    /********found********/
    while (fabs(n-m) < 0.001)
    {
        if (funx(r)*funx(n) < 0)
            m = r;
        else
            n = r;
        r = (m+n)/2;
    }
    return r;
}
main()
```

```
{
    double  m, n, root;
    printf("Enter m n : \n");
    scanf("%lf%lf", &m, &n);
    root = fun(m, n);
    printf("root=%6.3f\n", root);
}
```

★★★

第 15 题

下列给定程序中，函数 fun 的功能是：判断字符 ch 是否与 str 所指串中的某个字符相同；若相同，则什么也不做，若不同，则将其插在串的最后。

请改正程序中的错误，使它能得出正确的操作。

注意：不要改动 main 函数，不得增行或删行，也不得更改程序的结构。

试题程序：

```
#include <conio.h>
#include <stdio.h>
#include <string.h>
/********found********/
void fun(char  str, char  ch)
{
    while (*str && *str!=ch)
        str++;
    /********found********/
    if (*str == ch)
    {
        str[0] = ch;
        /********found********/
        str[1] = '0';
    }
}
main()
{
    char  s[81], c;
    printf("\n Please enter a string:\n");
    gets(s);
    printf("\n Please enter the character to search:");
    c = getchar();
    fun(s, c);
```

```
        printf("\nThe result is %s\n", s);
}
```

☆☆☆☆☆☆☆☆☆☆☆☆☆☆☆☆☆☆☆☆☆☆☆☆☆☆☆☆☆☆☆☆☆☆☆☆☆

第 16 题

下列给定程序中的函数 Creatlink 的功能是：创建带头结点的单向链表，并为各结点数据域赋 0 到 m-1 的值。

请改正函数 Creatlink 中的错误，使它能得出正确的结果。

注意：不要改动 main 函数，不得增行或删行，也不得更改程序的结构。

试题程序：

```
#include <stdio.h>
#include <conio.h>
#include <stdlib.h>
typedef  struct aa
{
    int  data;
    struct aa  *next;
}  NODE;
NODE *Creatlink(int  n, int  m)
{
    NODE  *h = NULL, *p, *s;
    int  i;
    s = (NODE*)malloc(sizeof(NODE));
    h = s;
    /********found********/
    p->next = NULL;
    for (i=1; i<n; i++)
    {
        s = (NODE*)malloc(sizeof(NODE));
        /********found********/
        s->data = rand()%m;
        s->next = p->next;
        p->next = s;
        p = p->next;
    }
    s->next = NULL;
    /********found********/
    return p;
}
```

```
outlink(NODE  *h)
{
    NODE  *p;
    p = h->next;
    printf("\n\nTHE LIST :\n\n HEAD");
    while (p)
    {
        printf("->%d ", p->data);
        p = p->next;
    }
    printf("\n");
}
main()
{
    NODE  *head;
    head = Creatlink(8, 22);
    outlink(head);
}
```

☆☆☆

第 17 题

下列给定程序中，函数 fun 的功能是：计算并输出 k 以内最大的 10 个能被 13 或 17 整除的自然数之和。k 的值由主函数传入，若 k 的值为 500，则函数值为 4622。

请改正程序中的错误或在横线处填上适当的内容并把横线删除，使程序能得出正确的结果。

注意：不要改动 main 函数，不得增行或删行，也不得更改程序的结构。

试题程序：

```
#include <conio.h>
#include <stdio.h>
int fun(int  k)
{
    int  m = 0, mc = 0;
    while ((k>=2) && (mc<10))
    {
        /********found********/
        if ((k%13=0) || (k%17=0))
        {
            m = m+k;
            mc++;
```

```
        }
        k--;
    }
    return m;
/********found********/
____填空____
main()
{
    printf("%d\n", fun(500));
}
```

★★

第 18 题

下列给定程序中，函数 fun 的功能是：实现两个整数的交换。例如给 a 和 b 分别输入 60 和 65，输出为：a=65 b=60。

请改正程序中的错误，使程序能得出正确的结果。

注意：不要改动 main 函数，不得增行或删行，也不得更改程序的结构。

试题程序：

```
#include <stdio.h>
#include <conio.h>
/********found********/
void fun(int  a, int  b)
{
    int  t;
    /********found********/
    t = b; b = a; a = t;
}
main()
{
    int  a, b;
    printf("Enter a,b: ");
    scanf("%d%d", &a, &b);
    fun(&a, &b);
    printf("a=%d b=%d\n", a, b);
}
```

★★

第 19 题

下列给定程序中函数 fun 的功能是：从低位开始取出长整型变量 s 中偶数位上的数，

依次构成一个新数放在 t 中。例如，当 s 中的数为 7654321 时，t 中的数为 642。

请改正程序中的错误，使它能得出正确的结果。

注意：不要改动 main 函数，不得增行或删行，也不得更改程序的结构。

试题程序：

```c
#include <conio.h>
#include <stdio.h>
/********found********/
void fun(long  s, long  t)
{
    long  s1 = 10;
    s /= 10;
    *t = s%10;
    /********found********/
    while (s < 0)
    {
        s = s/100;
        *t = s%10*s1+*t;
        s1 = s1*10;
    }
}
main()
{
    long  s, t;
    printf("\nPlease enter s:");
    scanf("%ld", &s);
    fun(s, &t);
    printf("The result is:%ld\n", t);
}
```

★★

第 20 题

N 个有序整数数列已放在一维数组中，给定下列程序中，函数 fun 的功能是：利用折半查找算法查找整数 m 在数组中的位置。若找到，则返回其下标值；反之，则返回-1。

折半查找的基本算法是：每次查找前先确定数组中待查的范围：low 和 high（low<high），然后把 m 与中间位置(mid)中元素的值进行比较。如果 m 的值大于中间位置元素中的值，则下一次的查找范围放在中间位置之后的元素中；反之，下一次的查找范围落在中间位置之前的元素中。直到 low>high，查找结束。

请改正程序中的错误，使它能得出正确的结果。

注意：不要改动 main 函数，不得增行或删行，也不得更改程序的结构。

试题程序：

```
#include <stdio.h>
#define N 10
/********found********/
void fun(int a[], int m)
{
    int low = 0, high = N-1, mid;
    while (low <= high)
    {
        mid = (low+high)/2;
        if (m < a[mid])
            high = mid-1;
        /********found********/
        else
            if (m >= a[mid])
                low = mid+1;
            else
                return(mid);
    }
    return (-1);
}
main()
{
    int i, a[N] = {-3, 4, 7, 9, 13, 45, 67, 89, 100, 180}, k, m;
    printf("a 数组中的数据如下:");
    for (i=0; i<N; i++)
        printf("%d,", a[i]);
    printf("Enter m:");
    scanf("%d", &m);
    k = fun(a, m);
    if (k >= 0)
        printf("m=%d,index=%d\n", m, k);
    else
        printf("Not be found!\n");
}
```

★★

第21题

下列给定程序是建立一个带头结点的单向链表，并用随机函数为各结点数据域赋值。

函数 fun 的作用是求出单向链表结点（不包括头结点）数据域中的最大值，并且作为函数值返回。

请改正函数 fun 中的错误，使它能得出正确的结果。

注意：不要改动 main 函数，不得增行或删行，也不得更改程序的结构。

试题程序：

```c
#include <stdio.h>
#include <conio.h>
#include <stdlib.h>
typedef  struct aa
{
    int  data;
    struct aa *next;
}  NODE;
/********found********/
fun(NODE *h)
{
    int  max = -1;
    NODE *p;
    p = h;
    while (p)
    {
        if (p->data > max)
            max = p->data;
        /********found********/
        p=h->next;
    }
    return max;
}
outresult(int  s, FILE  *pf)
{
    fprintf(pf, "\nThe max in link : %d\n", s);
}
NODE *creatlink(int  n, int  m)
{
    NODE  *h, *p, *s;
    int  i;
    h = p = (NODE*)malloc(sizeof(NODE));
    h->data = 9999;
    for (i=1; i<=n; i++)
```

```
    {
        s = (NODE*)malloc(sizeof(NODE));
        s->data = rand()%m;
        s->next = p->next;
        p->next = s;
        p = p->next;
    }
    p->next = NULL;
    return h;
}
outlink(NODE *h, FILE *pf)
{
    NODE *p;
    p = h->next;
    fprintf(pf, "\nTHE LIST:\n\n HEAD");
    while (p)
    {
        fprintf(pf, "->%d ", p->data);
        p = p->next;
    }
    fprintf(pf, "\n");
}
main()
{
    NODE *head;
    int m;
    head = creatlink(12, 100);
    outlink(head, stdout);
    m = fun(head);
    printf("\nTHE RESULT :\n");
    outresult(m, stdout);
}
```

★★

第 22 题

下列给定程序中，函数 fun 的功能是：根据整型形参 m，计算如下公式的值。

$$y = 1 + \frac{1}{2\times2} + \frac{1}{3\times3} + \frac{1}{4\times4} + \cdots + \frac{1}{m\times m}$$

例如，若 m 中的值为 5，则应输出：1.463611。

请改正程序中的错误，使它能得出正确的结果。

注意：不要改动 main 函数，不得增行或删行，也不得更改程序的结构。

试题程序：

```
#include <conio.h>
#include <stdio.h>
double fun(int  m)
{
    double  y = 1.0;
    int  i;
    /********found********/
    for (i=2; i<m; i++)
        /********found********/
        y += 1/(i*i);
    return (y);
}
main()
{
    int  n = 5;
    printf("\nThe result is %1f\n", fun(n));
}
```

★★★

第 23 题

下列给定程序中，函数 fun 的功能是：按以下递归公式求函数值。

$$fun(n)=\begin{cases}10 & (n=1)\\ fun(n-1)+2 & (n>1)\end{cases}$$

例如，当给 n 输入 5 时，函数值为 18；当给 n 输入 3 时，函数值为 14。

请改正程序中的错误，使它能得出正确的结果。

注意：不要改动 main 函数，不得增行或删行，也不得更改程序的结构。

试题程序：

```
#include <stdio.h>
/********found********/
int fun(n)
{
    int  c;
    /********found********/
    if (n = 1)
        c = 10;
```

```
        else
            c = fun(n-1)+2;
        return (c);
    }
    main()
    {
        int  n;
        printf("Enter n: ");
        scanf("%d", &n);
        printf("The result:%d\n\n", fun(n));
    }
```

☆☆☆☆☆☆☆☆☆☆☆☆☆☆☆☆☆☆☆☆☆☆☆☆☆☆☆☆☆☆☆☆☆☆☆

第 24 题

下列给定程序中，函数 fun 的功能是：从 s 所指字符串中，找出 t 所指子串的个数作为函数值返回。例如，当 s 所指字符串中的内容为 abcdabfab，t 所指字符串的内容为 ab，则函数返回整数 3。

请改正程序中的错误，使它能得出正确的结果。

注意：不要改动 main 函数，不得增行或删行，也不得更改程序的结构。

试题程序：

```
#include <conio.h>
#include <stdio.h>
#include <string.h>
int fun(char  *s, char  *t)
{
    int  n;
    char  *p, *r;
    n = 0;
    while (*s)
    {
        p = s;
        r = t;
        while (*r)
            /********found********/
            if (r == p)
            {
                r++;
                p++;
            }
```

```
            else
            {
                break;
            }
        /********found********/
        if (r == '\0')
            n++;
        s++;
    }
    return n;
}
main()
{
    char  s[100], t[100];
    int  m;
    printf("\nPlease enter string s:");
    scanf("%s", s);
    printf("\nPlease enter substring t:");
    scanf("%s", t);
    m = fun(s, t);
    printf("\nThe result is: m=%d\n", m);
}
```

☆☆☆☆☆☆☆☆☆☆☆☆☆☆☆☆☆☆☆☆☆☆☆☆☆☆☆☆☆☆☆☆☆☆☆☆☆☆☆

第 25 题

下列给定程序中函数 fun 的功能是：计算 n!。例如，给 n 输入 5，则输出 120.000000。请改正程序中的错误，使程序能输出正确的结果。

注意：不要改动 main 函数，不得增行或删行，也不得更改程序的结构。

试题程序：

```
#include <stdio.h>
#include <conio.h>
double fun(int  n)
{
    double  result = 1.0;
    /********found********/
    if n == 0
        return 1.0;
    while (n>1 && n<170)
        /********found********/
```

```
        result = n--;
    return result;
}
main()
{
    int  n;
    printf("Input N:");
    scanf("%d", &n);
    printf("\n\n%d!=%1f\n\n", n, fun(n));
}
```

✶✶✶

第 26 题

下列给定程序中，函数 fun 的功能是：先从键盘上输入一个 3 行 3 列矩阵的各个元素的值，然后输出主对角线元素之和。

请修改函数 fun 中的错误或在横线处填上适当的内容并把横线删除，使它能得出正确的结果。

注意：不要改动 main 函数，不得增行或删行，也不得更改程序的结构。

试题程序：

```
#include <stdio.h>
void fun()
{
    int  a[3][3], sum;
    int  i, j;
    /********found********/
    ___填空___;
    for (i=0; i<3; i++)
        for (j=0; j<3; j++)
            /********found********/
            scanf("%d,", a[i][j]);
    for (i=0; i<3; i++)
        sum = sum+a[i][i];
    printf("sum=%d\n", sum);
}
main()
{
    fun();
}
```

✶✶✶

第 27 题

下列给定程序中，函数 fun 的功能是：根据以下公式求π值，并作为函数值返回。

$$\frac{\pi}{2}=1+\frac{1}{3}+\frac{1}{3}\times\frac{2}{5}+\frac{1}{3}\times\frac{2}{5}\times\frac{3}{7}+\frac{1}{3}\times\frac{2}{5}\times\frac{3}{7}\times\frac{4}{9}+\cdots$$

例如，给指定精度的变量 eps 输入 0.0005 时，应当输出 Pi=3.140578。

请改正程序中的错误，使程序能得出正确的结果。

注意：不要改动 main 函数，不得增行或删行，也不得更改程序的结构。

试题程序：

```c
#include <conio.h>
#include <math.h>
#include <stdio.h>
double fun(double  eps)
{
    double s, t;
    int  n = 1;
    s = 0.0;
    /********found********/
    t = 0;
    /********found********/
    while (t <= eps)
    {
        s += t;
        t = (t*n)/(2*n+1);
        n++;
    }
    return (s*2);
}
main()
{
    double  x;
    printf("\nPlease enter a precision: ");
    scanf("%lf", &x);
    printf("\neps=%lf, Pi=%lf\n\n", x, fun(x));
}
```

☆☆

第 28 题

下列给定程序中，函数 fun 的功能是：在字符串的最前端加入 n 个*号，形成新串，并且覆盖原串。注意：字符串的长度最长允许为 79。

请改正函数 fun 中的错误，使它能得出正确的结果。

注意：不要改动 main 函数，不得增行或删行，也不得更改程序的结构。

试题程序：

```c
#include <stdio.h>
#include <string.h>
#include <conio.h>
void fun(char  s[], int  n)
{
    char  a[80], *p;
    int  i;
    /********found********/
    s = p;
    for (i=0; i<n; i++)
        a[i] = '*';
    do
    {
        a[i] = *p;
        i++;
        /********found********/
        ___填空___
    } while (*p);
    /********found********/
    a[i] = '0';
    strcpy(s, a);
}
main()
{
    int  n;
    char  s[80];
    printf("\nEnter a string :");
    gets(s);
    printf("\nThe string %s\n", s);
    printf("\nEnter n(number of *): ");
    scanf("%d", &n);
    fun(s, n);
    printf("\nThe string after inster: %s\n", s);
}
```

★★

121

第 29 题

下列给定程序中，函数 fun 的功能是：求出两个非零正整数的最大公约数，并作为函数值返回。例如，若给 num1 和 num2 分别输入 49 和 21，则输出的最大公约数为 7；若给 num1 和 num2 分别输入 27 和 81，则输出的最大公约数为 27。

请改正程序中的错误，使它能得出正确的结果。

注意：不要改动 main 函数，不得增行或删行，也不得更改程序的结构。

试题程序：

```c
#include <stdio.h>
int fun(int  a, int  b)
{
    int  r, t;
    /********found********/
    if (a < b)
    {
        t = a;
        b = a;
        b = t;
    }
    r = a%b;
    while (r != 0)
    {
        a = b;
        b = r;
        r = a%b;
    }
    /********found********/
    return (a);
}
main()
{
    int  num1, num2, a;
    printf("Input num1 num2 : ");
    scanf("%d%d", &num1, &num2);
    printf("num1=%d num2=%d\n\n", num1, num2);
    a = fun(num1, num2);
    printf("The maximun common divisor is %d\n\n", a);
}
```

★★

第 30 题

下列给定程序中函数 fun 的功能是：计算正整数 num 的各位上的数字之积。例如，若输入 252，则输出应该是 20。若输入 202，则输出应该是 0。

请改正程序中的错误，使它能得出正确的结果。

注意：不要改动 main 函数，不得增行或删行，也不得更改程序的结构。

试题程序：

```
#include <stdio.h>
#include <conio.h>
long fun(long  num)
{
    /********found********/
    long  k;
    do
    {
        k  *= num%10;
        /********found********/
        num \= 10;
    } while (num);
    return (k);
}
main()
{
    long  n;
    printf("\please enter a number:");
    scanf("%ld", &n);
    printf("\n%ld\n", fun(n));
}
```

☆☆☆☆☆☆☆☆☆☆☆☆☆☆☆☆☆☆☆☆☆☆☆☆☆☆☆☆☆☆☆☆☆☆☆☆☆☆☆

第 31 题

下列给定程序中，函数 fun 的功能是：将字符串 tt 中的小写字母都改为对应的大写字母，其他字符不变。例如，若输入"Ab,cD"，则输出"AB,CD"。

请改正程序中的错误，使它能统计出正确的结果。

注意：不要改动 main 函数，不得增行或删行，也不得更改程序的结构。

试题程序：

```
#include <conio.h>
#include <stdio.h>
#include <string.h>
```

```c
char *fun(char  tt[])
{
    int  i;
    /********found********/
    for (i=0; tt[i]; i++)
        if ((tt[i] >= 'a') || (tt[i]<='z'))
            /********found********/
            tt[i] += 32;
        return (tt);
}
main()
{
    char  tt[81];
    printf("\nPlease enter a string:");
    gets(tt);
    printf("\nThe result string is :\n%s", fun(tt));
}
```

☆☆☆

第 32 题

下列给定程序中，函数 fun 的功能是：按顺序给 s 所指数组中的元素赋予从 2 开始的偶数，然后再按顺序对每五个元素求一个平均值，并将这些值依次存放在 w 所指的数组中。若 s 所指数组中元素的个数不是 5 的倍数，多余部分忽略不计。例如，s 所指数组有 14 个元素，则只对前 10 个元素进行处理，不对最后的 4 个元素求平均值。

请改正程序中的错误，使它能得出正确的结果。

注意：不要改动 main 函数，不得增行或删行，也不得更改程序的结构。

试题程序：

```c
#include <stdio.h>
#define  SIZE 20
int fun(double  *s, double  *w)
{
    int  k, i;
    double  sum;
    for (k=2, i=0; i<SIZE; i++)
    {
        s[i] = k;
        k += 2;
    }
    sum = 0.0;
```

```
    for (k=0, i=0; i<SIZE; i++)
    {
        sum += s[i];
        /********found********/
        if (i+1%5 == 0)
        {
            w[k] = sum/5;
            sum = 0;
            k++;
        }
    }
    return k;
}
main()
{
    double  a[SIZE], b[SIZE/5];
    int  i, k;
    k = fun(a, b);
    printf("The original data:\n");
    for (i=0; i<SIZE; i++)
    {
        if (i%5 == 0)
            printf("\n");
        printf("%4.0f", a[i]);
    }
    printf("\n\nThe result :\n");
    for (i=0; i<k; i++)
        printf("%6.2f ", b[i]);
    printf("\n\n");
}
```

★★★

第33题

下列给定程序中，函数 fun 的功能是：将 s 所指字符串中的字母转换为按字母序列的后续字母（但 Z 转换 A，z 转换为 a），其他字符不变。

请改正函数 fun 中的错误，使它能得出正确的结果。

注意：不要改动 main 函数，不得增行或删行，也不得更改程序的结构。

试题程序：

```
#include <stdio.h>
```

```
#include <ctype.h>
#include <conio.h>
void fun(char  *s)
{
    /********found********/
    while (*s != '@')
    {
        if (*s>='A'&&*s<='Z' || *s>='a'&&*s<='z')
        {
            if (*s == 'Z')
                *s = 'A';
            else if(*s == 'z')
                *s = 'a';
            else
                *s += 1;
        }
        /********found********/
        (*s)++;
    }
}
main()
{
    char  s[80];
    printf("\n Enter a string with length<80. :\n\n ");
    gets(s);
    printf("\n The string: \n\n ");
    puts(s);
    fun(s);
    printf("\n\n The Cords:\n\n ");
    puts(s);
}
```

★★

第 34 题

下列给定程序中函数 fun 的功能是：将长整型数中每一位上为奇数的数依次取出，构成一个新数放在 t 中。高位仍在高位，低位仍在低位。例如，当 s 中的数为 87653142 时，t 中的数为 7531。

请改正程序中的错误，使它能得出正确的结果。

注意：不要改动 main 函数，不得增行或删行，也不得更改程序的结构。

126

试题程序：

```c
#include <conio.h>
#include <stdio.h>
void fun(long  s, long  *t)
{
    int  d;
    long   s1 = 1;
    /********found********/
    t = 0;
    while (s > 0)
    {
        d = s%10;
        /********found********/
        if (d%2 == 0)
        {
            *t = d*s1 + *t;
            s1 *= 10;
        }
        s /= 10;
    }
}
main()
{
    long  s, t;
    printf("\nPlease enter s: ");
    scanf("%ld", &s);
    fun(s, &t);
    printf("The result is: %ld\n", t);
}
```

☆☆

第 35 题

下列给定程序中，fun 函数的功能是：将 p 所指字符串中每个单词的最后一个字母改成大写（这里的"单词"是指由空格隔开的字符串）。例如，若输入：

I am a student to take the examination.

则应输出：I aM A studenT tO takE thE examination.

请修改程序中的错误之处，使它能得出正确的结果。

注意：不要改动 main 函数，不得删行，也不得更改程序的结构。

试题程序:

```c
#include <string.h>
#include <ctype.h>
#include <stdio.h>
void fun(char *p)
{
    int  k = 0;
    for (; *p; p++)
        /********found********/
        if (k)
        {
            if (p == ' ')
            {
                k = 0;
                /********found********/
                *p = toupper(*(p-1));
            }
        }
        else
        {
            k = 1;
        }
}
main()
{
    char  chrstr[64];
    int  d;
    printf("\nPlease enter an english sentence within 63 letters: ");
    gets(chrstr);
    d = strlen(chrstr);
    chrstr[d+1] = ' ';
    chrstr[d+1] = 0;
    printf("\n\nBefor changing: %s", chrstr);
    fun(chrstr);
    printf("\nAfter changing:\n  %s", chrstr);
}
```

****

第 36 题

下列给定程序中，函数 fun 的功能是：求三个数的最小公倍数。例如，给变量 x1、x2、x3 分别输入 15 11 2，则输出结果应当是 330。

请改正程序中的错误，使它能得出正确的结果。

注意：不要改动 main 函数，不得增行或删行，也不得更改程序的结构。

试题程序：

```c
#include <stdio.h>
int fun(int  x, int  y, int  z)
{
    int  j, t, n, m;
    /********found********/
    j = 1;
    t = m = n = 1;
    /********found********/
    while (t!=0 && m!=0 && n!=0)
    {
        j = j+1;
        t = j%x;
        m = j%y;
        n = j%z;
    }
    return j;
}
main()
{
    int  x1, x2, x3, j;
    printf("Input x1 x2 x3: ");
    scanf("%d%d%d", &x1, &x2, &x3);
    printf("x1=%d, x2=%d, x3=%d \n", x1, x2, x3);
    j = fun(x1, x2, x3);
    printf("The minimal common multiple is : %d\n", j);
}
```

★★★

第 37 题

下列给定程序中，函数 fun 的功能是：计算 s 所指字符串中含有 t 所指字符串的数目，并作为函数值返回。

请改正函数 fun 中的错误或在横线处填上适当的内容并把横线删除，使它能得出正确的结果。

注意：不要改动 main 函数，不得增行或删行，也不得更改程序的结构。

试题程序：

```c
#include <conio.h>
#include <stdio.h>
#include <string.h>
#define  N 80
int fun(char  *s, char  *t)
{
    int  n;
    char  *p, *r;
    n = 0;
    /********found********/
    p = &s[0];
    *r = t;
    while (*p)
    {
        if (*r == *p)
        {
            r++;
            if (*r == '\0')
            {
                n++;
                /********found********/
                ____填空____
            }
        }
        p++;
    }
    return n;
}
main()
{
    char  a[N], b[N];
    int  m;
    printf("\nPlease enter string a :");
    gets(a);
    printf("\nPlease enter substring b :");
    gets(b);
```

```
    m = fun(a, b);
    m = printf("\nThe result is:m=%d\n", m);
}
```

☆☆☆☆☆☆☆☆☆☆☆☆☆☆☆☆☆☆☆☆☆☆☆☆☆☆☆☆☆☆☆☆☆☆☆☆☆

第 38 题

下列给定程序中，函数 fun 的功能是：通过某种方式实现两个变量值的交换，规定不允许增加语句和表达式。例如变量 a 中的值原为 8，b 中的值原为 3，程序运行后 a 中的值为 3，b 中的值为 8。

请改正程序中的错误，使它能得出正确的结果。

注意：不要改动 main 函数，不得增行或删行，也不得更改程序的结构。

试题程序：

```
#include <conio.h>
#include <stdio.h>
int fun(int  *x, int  y)
{
    int  t;
    /********found********/
    t = x;   x = y;
    /********found********/
    return (y);
}
main()
{
    int a = 3, b = 8;
    printf("%d  %d\n", a, b);
    b = fun(&a, b);
    printf("%d  %d\n", a, b);
}
```

☆☆☆☆☆☆☆☆☆☆☆☆☆☆☆☆☆☆☆☆☆☆☆☆☆☆☆☆☆☆☆☆☆☆☆☆☆

第 39 题

下列给定程序中，函数 fun 的功能是：将 s 所指字符串的正序和反序进行连接，形成一个新串放在 t 所指的数组中。例如，当 s 所指字符串为 ABCD 时，则 t 所指字符串中的内容应为 ABCDDCBA。

请改正程序中的错误，使它能得出正确的结果。

注意：不要改动 main 函数，不得增行或删行，也不得更改程序的结构。

试题程序：

```
#include <conio.h>
```

```
#include <stdio.h>
#include <string.h>
/********found********/
void fun(char  s, char  t)
{
    int  i, d;
    d = strlen(s);
    for (i=0; i<d; i++)
        t[i] = s[i];
    for (i=0; i<d; i++)
        t[d+i] = s[d-1-i];
    /********found********/
    t[2*d-1] = '\0';
}
main()
{
    char  s[100], t[100];
    printf("\nPlease enter string S:");
    scanf("%s", s);
    fun(s, t);
    printf("\nThe result is : %s\n", t);
}
```

★★

第 40 题

下列给定程序中 fun 函数的功能是：将 n 个无序整数从小到大排序。

请改正程序中的错误，使它能得出正确的结果。

注意：不要改动 main 函数，不得增行或删行，也不得更改程序的结构。

试题程序：

```
#include <conio.h>
#include <stdio.h>
#include <stdlib.h>
fun(int  n, int  *a)
{
    int  i, j, p, t;
    for (j=0; j<n-1; j++)
    {
        p = j;
        /********found********/
```

```
        for (i=j+1; i<n-1; i++)
            if (a[p] > a[i])
                /********found********/
                t = i;
        if (p != j)
        {
            t = a[j];
            a[j] = a[p];
            a[p] = t;
        }
    }
}
putarr(int  n, int  *z)
{
    int  i;
    for (i=1; i<=n; i++, z++)
    {
        printf("%4d", *z);
        if (!(i%10))
            printf("\n");
    }
    printf("\n");
}
main()
{
    int  aa[20] = {9, 3, 0, 4, 1, 2, 5, 6, 8, 10, 7}, n = 11;
    printf("\n\nBefore sorting %d numbers:\n", n);
    putarr(n, aa);
    fun(n, aa);
    printf("\nAfter sorting %d numbers:\n", n);
    putarr(n, aa);
}
```

☆☆

第 41 题

下列给定程序是建立一个带头结点的单向链表，并用随机函数为各结点赋值。函数 fun 的功能是将单向链表结点（不包括头结点）数据域为偶数的值累加起来，并且作为函数值返回。

请改正函数 fun 中的错误，使它能得出正确的结果。

注意：不要改动 main 函数，不得增行或删行，也不得更改程序的结构。

试题程序：

```c
#include <stdio.h>
#include <conio.h>
#include <stdlib.h>
typedef struct aa
{
    int data;
    struct aa *next;
} NODE;
int fun(NODE *h)
{
    int sum = 0;
    NODE *p;
    p = h->next;
    /********found********/
    while (p->next)
    {
        if (p->data%2 == 0)
            sum += p->data;
        /********found********/
        p = h->next;
    }
    return sum;
}
NODE *creatlink(int n)
{
    NODE *h, *p, *s;
    int i;
    h = p = (NODE*)malloc(sizeof(NODE));
    for (i=1; i<n; i++)
    {
        s = (NODE*)malloc(sizeof(NODE));
        s->data = rand()%16;
        s->next = p->next;
        p->next = s;
        p = p->next;
    }
    p->next = NULL;
```

```
        return h;
    }
outlink(NODE  *h)
{
    NODE  *p;
    p = h->next;
    printf("\n\nTHE LIST :\n\n HEAD");
    while (p)
    {
        printf("->%d ", p->data);
        p = p->next;
    }
    printf("\n");
}
main()
{
    NODE  *head;
    int  sum;
    head = creatlink(10);
    outlink(head);
    sum = fun(head);
    printf("\nSUM=%d", sum);
}
```

★★

第 42 题

下列给定程序中，函数 fun 的功能是：将字符串 s 中位于奇数位置的字符或 ASCII 码为偶数的字符依次放入字符串 t 中。例如，字符串中的数据为 AABBCCDDEEFF，则输出应当是 ABBCDDEFF。

请改正函数 fun 中的错误，使它能得出正确的结果。

注意：不要改动 main 函数，不得增行或删行，也不得更改程序的结构。

试题程序：

```
#include <conio.h>
#include <stdio.h>
#include <string.h>
#define  N 80
void fun(char  *s, char  t[])
{
    int  i, j = 0;
```

135

```
/********found********/
for (i=0; i<(int)strlen(s); i++)
    if (i%2 && s[i]%2==0)
        t[j++] = s[i];
/********found********/
t[i] = '\0';
}
main()
{
    char  s[N], t[N];
    printf("\nPlease enther string s:");
    gets(s);
    fun(s, t);
    printf("\nThe result is : %s\n", t);
}
```

☆☆☆☆☆☆☆☆☆☆☆☆☆☆☆☆☆☆☆☆☆☆☆☆☆☆☆☆☆☆☆☆☆☆☆☆☆☆☆

第 43 题

下列给定程序中，函数 fun 的功能是：找出 100 至 n（不大于 1000）之间三个位上的数字都相等的所有整数，把这些整数放在 s 所指数组中，个数作为函数值返回。

请改正函数 fun 中的错误，使它能得出正确的结果。

注意：不要改动 main 函数，不得增行或删行，也不得更改程序的结构。

试题程序：

```
#include <stdio.h>
#define  N 100
int fun(int  *s, int  n)
{
    int  i, j, k, a, b, c;
    j = 0;
    for (i=100; i<n; i++)
    {
        /********found********/
        k = n;
        a = k%10;
        k /= 10;
        /********found********/
        b = k/10;
        c = k/10;
        if (a==b && a==c)
```

```
            s[j++] = i;
        }
        return j;
}
main()
{
    int  a[N], n, num = 0, i;
    do
    {
        printf("\nEnter n(<=1000): ");
        scanf("%d", &n);
    } while (n > 1000);
    num = fun(a, n);
    printf("\n\nThe result :\n");
    for (i=0; i<num; i++)
        printf("%5d", a[i]);
    printf("\n\n");
}
```

☆☆☆☆☆☆☆☆☆☆☆☆☆☆☆☆☆☆☆☆☆☆☆☆☆☆☆☆☆☆☆☆☆☆☆☆

第 44 题

下列给出程序中，函数 fun 的功能是：根据形参 m 的值（2≤m≤9），在 m 行 m 列的二维数组中存放如下所示的数据，由 main()函数输出。

例如，若输入 2   若输入 4
　　则输出：   　　则输出：

| 1 | 2 |
| 2 | 4 |

1	2	3	4
2	4	6	8
3	6	9	12
4	8	12	16

请改正程序中的错误，使它能得出正确的结果。

注意：不要改动 main 函数，不得增行或删行，也不得更改程序的结构。

试题程序：

```
#include <stdio.h>
#include <conio.h>
#define  M 10
int  a[M][M] = {0};
/********found********/
fun(int  **a, int  m)
```

```
{
    int  j, k;
    for (j=0; j<m; j++)
        for (k=0; k<m; k++)
            /********found********/
            a[j][k] = k*j;
}
main()
{
    int  i, j, n;
    printf(" Enter n:");
    scanf("%d", &n);
    fun(a, n);
    for (i=0; i<n; i++)
    {
        for (j=0; j<n; j++)
            printf("%4d", a[i][j]);
        printf("\n");
    }
}
```

✮✮✮

第 45 题

下列给定程序中，函数 fun 的功能是：将 s 所指字符串中最后一次出现的 t1 所指子串替换成 t2 所指子串，所形成的新串放在 w 所指的数据中。在此处，要求 t1 和 t2 所指字符串的长度相同。例如，当 s 所指字符串中的内容为 abcdabfabc，t1 所指子串中的内容为 ab，t2 所指子串中的内容为 99 时，结果，在 w 所指的数组中的内容为 abcdabf99c。

请改正程序中的错误，使它能得出正确的结果。

注意：不要改动 main 函数，不得增行或删行，也不得更改程序的结构。

试题程序：

```
#include <conio.h>
#include <stdio.h>
#include <string.h>
/********found********/
void fun(char* s, t1, t2, w)
{
    char *p, *r, *a;
    strcpy(w, s);
    /********found********/
```

```
        while (w)
        {
            p = w;
            r = t1;
            while (*r)
                if (*r == *p)
                {
                    r++;
                    p++;
                }
                else
                {
                    break;
                }
            if (*r == '\0')
                a = w;
            w++;
        }
        r = t2;
        while (*r)
        {
            *a = *r;
            a++;
            r++;
        }
    }
main()
{
    char  s[100], t1[100], t2[100], w[100];
    printf("\nPlease enter string S:");
    scanf("%s", s);
    printf("\nPlease enter substring t1:");
    scanf("%s", t1);
    printf("\nPlease enter substring t2:");
    scanf("%s", t2);
    if (strlen(t1) == strlen(t2))
    {
        fun(s, t1, t2, w);
        printf("\nThe result is : %s\n", w);
```

```
    }
    else
    {
        printf("\nError : strlen(t1) != strlen(t2)\n");
    }
}
```

☆☆☆

第 46 题

已知一个数列从第 0 项开始的前三项分别为 0、0、1，以后的各项都是其相邻的前三项之和。下列给定程序中，函数 fun 的功能是：计算并输出该数列前 n 项的平方根之和 sum。n 的值通过形参传入。例如，当 n=10 时，程序输出结果应为 23.197745。

请改正程序中的错误，使程序能得出正确的结果。

注意：不要改动 main 函数，不得增行或删行，也不得更改程序的结构。

试题程序：

```
#include <conio.h>
#include <stdio.h>
#include <math.h>
/********found********/
fun(int  n)
{
    double  sum, s0, s1, s2, s;
    int  k;
    sum = 1.0;
    if (n <= 2)
        sum = 0.0;
    s0 = 0.0;
    s1 = 0.0;
    s2 = 1.0;
    for (k=4; k<=n; k++)
    {
        s = s0+s1+s2;
        sum += sqrt(s);
        s0 = s1;
        s1 = s2;
        s2 = s;
    }
    /********found********/
    return sum
```

140

```
    }
main()
{
    int  n;
    printf("Input N=");
    scanf("%d", &n);
    printf("%lf\n", fun(n));
}
```

★☆★

第 47 题

下列给定程序中，函数 fun 的功能是：求出数组中最大数和次最大数，并把最大数和a[0]中的数对调、次最大数和 a[1]中的数对调。

请改正程序中的错误，使它能得出正确的结果。

注意：不要改动 main 函数，不得增行或删行，也不得更改程序的结构。

试题程序：

```
#include <conio.h>
#include <stdio.h>
#define  N 20
/********found********/
void fun(int  *a, int  n);
{
    int  i, m, t, k;
    for (i=0; i<2; i++)
    {
        /********found********/
        m=0;
        for (k=i+1; k<n; k++)
            if (a[k] > a[m])
                m = k;
        t = a[i];
        a[i] = a[m];
        a[m] = t;
    }
}
main()
{
    int  b[N] = {11, 5, 12, 0, 3, 6, 9, 7, 10, 8}, n = 10, i;
    for (i=0; i<n; i++)
```

141

```
            printf("%d  ", b[i]);
        printf("\n");
        fun(b, n);
        for (i=0; i<n; i++)
            printf("%d  ", b[i]);
        printf("\n");
    }
```

☆☆☆☆☆☆☆☆☆☆☆☆☆☆☆☆☆☆☆☆☆☆☆☆☆☆☆☆☆☆☆☆☆☆☆☆☆

第 48 题

下列给定程序中，函数 fun 的功能是：从 N 个字符串中找出最长的那个串，并将其地址作为函数值返回。各字符串在主函数中输入，并放入一个字符串数组中。

请改正程序中的错误，使它能得出正确的结果。

注意：不要改动 main 函数，不得增行或删行，也不得更改程序的结构。

试题程序：

```c
#include <stdio.h>
#include <string.h>
#define N 5
#define M 81
/********found********/
fun(char  (*sq)[N])
{
    int  i;
    char  *sp;
    sp = sq[0];
    for (i=0; i<N; i++)
        if (strlen(sp) < strlen(sq[i]))
            sp = sq[i];
        /********found********/
    return sq;
}
main()
{
    char  str[N][M], *longest;
    int  i;
    printf("Enter %d lines:\n", N);
    for (i=0; i<N; i++)
        gets(str[i]);
    printf("\nThe N string  :\n", N);
```

```
    for (i=0; i<N; i++)
        puts(str[i]);
    longest = fun(str);
    printf("\nThe longest string :\n");
    puts(longest);
}
```

✱✱

第 49 题

下列给定程序中，函数 fun 的功能是：对 N 名学生的学习成绩，按从高到低的顺序找出前 m（m≤10）名学生来，并将这些学生数据存放在一个动态分配的连续存储区中，此存储区的首地址作为函数值返回。

请改正函数 fun 中的错误，使它能得出正确的结果。

注意：不要改动 main 函数，不得增行或删行，也不得更改程序的结构。

试题程序：

```
#include <stdio.h>
#include <string.h>
#include <conio.h>
#define  N 10
typedef  struct ss
{
    char  num[10];
    int  s;
} STU;
STU *fun(STU  a[], int  m)
{
    STU  b[N], *t;
    int  i, j, k;
    /********found********/
    *t = malloc(sizeof(STU));
    for (i=0; i<N; i++)
        b[i] = a[i];
    for (k=0; k<m; k++)
    {
        for (i=j=0; i<N; i++)
            if (b[i].s > b[j].s)
                j = i;
            /********found********/
        t[k].num = b[j].num;
```

```
            t[k].s = b[j].s;
            b[j].s = 0;
        }
    return t;
}
outresult(STU a[], FILE *pf)
{
    int i;
    for (i=0; i<N; i++)
        fprintf(pf, "No=%s Mark=%d\n", a[i].num, a[i].s);
    fprintf(pf, "\n\n");
}
main()
{
    STU a[N] =
    {
        {"A01", 81}, {"A02", 89}, {"A03", 66}, {"A04", 87}, {"A05", 77},
        {"A06", 90}, {"A07", 79}, {"A08", 61}, {"A09", 80}, {"A10", 71}
    };
    STU *pOrder;
    int i, m;
    printf("***** The Original data *****\n");
    outresult(a, stdout);
    printf("\nGive the number of the students who have better score: ");
    scanf("%d", &m);
    while (m > 10)
    {
        printf("\nGive the number of the students who have better score: ");
        scanf("%d", &m);
    }
    pOrder = fun(a, m);
    printf("***** THE RESULT *****\n");
    printf("The top :\n");
    for (i=0; i<m; i++)
        printf(" %s  %d\n", pOrder[i].num, pOrder[i].s);
    free(pOrder);
}
```

☆☆

第 50 题

下列给定程序中函数 fun 的功能是：先将在字符串中 s 中的字符按逆序存放到 t 串中，然后把 s 中的字符按正序连接到 t 串的后面。例如：s 中的字符串为 ABCDE 时，则 t 中的字符串应为 EDCBAABCDE。

请改正程序中的错误，使它能得出正确的结果。

注意：不要改动 main 函数，不得增行或删行，也不得更改程序的结构。

试题程序：

```
#include <conio.h>
#include <stdio.h>
#include <string.h>
void fun(char  *s, char  *t)
{
    int  s1, i;
    s1 = strlen(s);
    /********found********/
    for (i=0; i<s1; i++)
        t[i] = s[s1-i];
    for (i=0; i<s1; i++)
        t[s1+i] = s[i];
    t[2*s1] = '\0';
}
main()
{
    char  s[100], t[100];
    printf("\nPlease enter string s:");
    scanf("%s", s);
    fun(s, t);
    printf("The result is: %s\n", t);
}
```

★★★

第 51 题

下列给定程序中，函数 fun 的功能是：将 m（1≤m≤10）个字符串连接起来，组成一个新串，放在 pt 所指字符串中。例如：把 3 个串 abc，CD，EF 串连起来，结果是 abcCDEF。

请改正程序中的错误，使它能计算出正确的结果。

注意：不要改动 main 函数，不得增行或删行，也不得更改程序的结构。

试题程序：

```
#include <conio.h>
```

```c
#include <stdio.h>
#include <string.h>
/********found********/
void fun(char  str[][], int  m, char  *pt)
{
    int  k, q, i;
    for (k=0; k<m; k++)
    {
        q = strlen(str[k]);
        /********found********/
        for (i=0; i<q; i++)
            pt[i] = str[k,i];
        pt += q;
        pt[0] = 0;
    }
}
main()
{
    int  m, h;
    char  s[10][10], p[120];
    printf("\nPlease enter m:");
    scanf("%d", &m);
    gets(s[0]);
    printf("\nPlease enter  %d string:\n", m);
    for (h=0; h<m; h++)
        gets(s[h]);
    fun(s, m, p);
    printf("\nThe result  is : %s\n", p);
}
```

★★

第 52 题

下列给定程序中，函数 fun 的功能是：给定 n 个实数，输出平均值，并统计在平均值以上（含平均值）的实数个数。例如，n=8 时，输 193.199, 195.673, 195.757, 196.051, 196.092, 196.596, 196.579, 196.763 所得平均值为 195.838750，在平均值以上的实数个数应为 5。

请改正程序中的错误，使程序能得出正确的结果。

注意：不要改动 main 函数，不得增行或删行，也不得更改程序的结构。

试题程序：

```c
#include <conio.h>
```

```
#include <stdio.h>
/********found********/
int fun(double  x[], int  n)
    int  j, c = 0;
    double  xa = 0.0;
    for (j=0; j<n; j++)
        xa += x[j]/n;
    printf("ave =%f\n", xa);
    for (j=0; j<n; j++)
        if (x[j] >= xa)
            c++;
    return c;
}
main()
{
    double  x[100] = {193.199, 195.673, 195.757, 196.051,
        196.092, 196.596, 196.579, 196.763};
    printf("%d\n", fun(x, 8));
}
```

☆☆☆☆☆☆☆☆☆☆☆☆☆☆☆☆☆☆☆☆☆☆☆☆☆☆☆☆☆☆☆☆☆☆☆☆☆☆

第 53 题

下列给定程序中，函数 fun 的功能是：用递归算法计算斐波拉契级数数列中第 n 项的值。从第 1 项起，斐波拉契级数序列为 1、1、2、3、5、8、13、21、…例如，若给 n 输入 7，该项的斐波拉契级数值为 13。

请改正程序中的错误，使它能得出正确的结果。

注意：不要改动 main 函数，不得增行或删行，也不得更改程序的结构。

试题程序：

```
#include <stdio.h>
long fun(int  g)
{
    /********found********/
    switch(g);
    {
    case 0:
        return 0;
    /********found********/
    case 1;
    case 2:
```

```
        return 1;
    }
    return (fun(g-1) + fun(g-2));
}
main()
{
    long  fib;
    int  n;
    printf("Input n:  ");
    scanf("%d", &n);
    printf("n=%d\n", n);
    fib = fun(n);
    printf("fib = %d\n\n", fib);
}
```

★★

第 54 题

下列给定程序中，函数 fun 的功能是：比较两个字符串，将长的那个字符串的首地址作为函数值返回。

请改正函数 fun 中的错误，使它能得出正确的结果。

注意：不要改动 main 函数，不得增行或删行，也不得更改程序的结构。

试题程序：

```
#include <conio.h>
#include <stdio.h>
/********found********/
double fun(char  *s, char  *t)
{
    int  s1 = 0, t1 = 0;
    char  *ss, *tt;
    ss = s;
    tt = t;
    /********found********/
    while (*ss)
    {
        s1++;
        (*ss)++;
    }
    /********found********/
    while (*tt)
```

```
    {
        t1++;
        (*tt)++;
    }
    if (t1 > s1)
        return t;
    else
        return s;
}
main()
{
    char  a[80], b[80];
    printf("\nEnter a string : ");
    gets(a);
    printf("\nEnter a string again : ");
    gets(b);
    printf("\nThe longer is :\n\n%s\n", fun(a, b));
}
```

☆☆☆

第 55 题

下列给定程序中，函数 fun 的功能是：为一个偶数寻找两个素数，这两个素数之和等于该偶数，并将这两个素数通过形参指针传回主函数。

请改正函数 fun 中的错误，使它能得出正确的结果。

注意：不要改动 main 函数，不得增行或删行，也不得更改程序的结构。

试题程序：

```
#include <stdio.h>
#include <math.h>
void fun(int  a, int  *b, int  *c)
{
    int  i, j, d, y;
    for (i=3; i<a/2; i=i+2)
    {
        /********found********/
        y = 0;
        for (j=2; j<=sqrt((double)i); j++)
            if (i%j == 0)
                y = 0;
        if (y == 1)
```

```
        {
            /********found********/
            d = i-a;
            for (j=2; j<=sqrt((double)i); j++)
                if (d%j == 0)
                    y = 0;
            if (y == 1)
            {
                *b = i;
                *c = d;
            }
        }
    }
}
main()
{
    int  a, b, c;
    do
    {
        printf("\nInput a: ");
        scanf("%d", &a);
    } while (a%2);
    fun(a, &b, &c);
    printf("\n\n%d=%d + %d\n", a, b, c);
}
```

☆☆

第 56 题

下列定程序中，函数 fun 的功能是：用冒泡法对 6 个字符串按由小到大的顺序进行排序。

请改正程序中的错误，使它能得出正确的结果。

注意：不要改动 main 函数，不得增行或删行，也不得更改程序的结构。

试题程序：

```
#include <stdio.h>
#include <string.h>
#define  MAXLINE 20
/********found********/
void fun(char (*pstr)[6])
{
```

```
        int  i, j;
        char  *p;
        for (i=0; i<5; i++)
        {
            for (j=i+1; j<6; j++)
            {
                /********found********/
                if(strcmp(*(pstr + i), pstr + j) > 0)
                {
                    p = *(pstr+i);
                    /********found********/
                    *(pstr + i) = pstr + j;
                    *(pstr+j) = p;
                }
            }
        }
    }
    main()
    {
        int  i;
        char *pstr[6], str[6][MAXLINE];
        for (i=0; i<6; i++)
            pstr[i] = str[i];
        printf("\nEnter 6 sting(1 sting at each line): \n");
        for (i=0; i<6; i++)
            scanf("%s", pstr[i]);
        fun(pstr);
        printf("The strings after sorting:\n");
        for (i=0; i<6; i++)
            printf("%s\n", pstr[i]);
    }
```

****

第 57 题

下列给定程序中，函数 fun 的功能是：首先把 b 所指字符串中的字符按逆序存放，然后将 a 所指字符串中的字符和 b 所指字符串中的字符，按排列的顺序交叉合并到 c 所指数组中，过长的剩余字符接在 c 所指数组的尾部。例如，当 a 所指字符串中的内容为 abcdefg，b 所指字符串中的内容为 1234 时，c 所指数组中内容应该为 a4b3c2d1efg；而当 a 所指字符串中的内容为 1234，b 所指字符串中的内容为 abcdefg 时，c 所指数组中的内容应该为

1g2f3e4dcba。

请改正程序中的错误，使它能得出正确的结果。

注意：不要改动 main 函数，不得增行或删行，也不得更改程序的结构。

试题程序：

```c
#include <conio.h>
#include <stdio.h>
#include <string.h>
void fun(char *a, char *b, char *c)
{
    int  i, j;
    char  ch;
    i = 0;
    j = strlen(b)-1;
    /********found********/
    while (i > j)
    {
        ch = b[i];
        b[i] = b[j];
        b[j] = ch;
        i++;
        j--;
    }
    while (*a || *b)
    {
        if (*a)
        {
            *c = *a;
            c++;
            a++;
        }
        if (*b)
        {
            *c = *b;
            c++;
            b++;
        }
    }
    /********found********/
    c = 0;
```

```
}
main()
{
    char  s1[100], s2[100], t[200];
    printf("\nEnter s1 string : ");
    scanf("%s", s1);
    printf("\nEnter s2 steing : ");
    scanf("%s", s2);
    fun(s1, s2, t);
    printf("\nThe result is : %s\n", t);
}
```

☆☆☆☆☆☆☆☆☆☆☆☆☆☆☆☆☆☆☆☆☆☆☆☆☆☆☆☆☆☆☆☆☆☆☆☆☆☆

第 58 题

下列给定程序中函数 fun 的功能是：先将在字符串 s 中的字符按正序存放到 t 串中，然后把 s 中的字符按逆序连接到 t 串的后面。例如：当 s 中的字符串为 ABCDE 时，则 t 中的字符串应为 ABCDEEDCBA。

请改正程序中的错误，使它能得出正确的结果。

注意：不要改动 main 函数，不得增行或删行，也不得更改程序的结构。

试题程序：

```
#include <conio.h>
#include <stdio.h>
#include <string.h>
void fun(char  *s, char  *t)
{
    int  i, s1;
    s1 = strlen(s);
    /********found********/
    for (i=0; i<=s1; i++)
        t[i] = s[i];
    for (i=0; i<s1; i++)
        t[s1+i] = s[s1-i-1];
    /********found********/
    t[s1] = '\0';
}
main()
{
    char  s[100], t[100];
    printf("\nPlease enter string s:");
```

```
        scanf("%s", s);
        fun(s, t);
        printf("The result is: %s\n", t);
    }
```

★★

第 59 题

下列给定程序中，函数 fun 的功能是：统计字符串中各元音字母（即：A、E、I、O、U）的个数。注意：字母不分大、小写。例如：若输入 THIs is a boot，则输出应该是 1、0、2、2、0。

请改正程序中的错误，使它能得出正确的结果。

注意：不要改动 main 函数，不得增行或删行，也不得更改程序的结构。

试题程序：

```
#include <conio.h>
#include <stdio.h>
/********found********/
void fun(char *s, int  num[5]);
{
    int  k, i = 5;
    /********found********/
    for (k=0; k<i; k++)
        num[i] = 0;
    for (; *s; s++)
    {
        i = -1;
        /********found********/
        switch (s)
        {
        case 'a':
        case 'A':
            {
                i = 0;
                break;
            }
        case 'e':
        case 'E':
            {
                i = 1;
                break;
```

```
            }
        case 'i':
        case 'I':
            {
                i = 2;
                break;
            }
        case 'o':
        case 'O':
            {
                i = 3;
                break;
            }
        case 'u':
        case 'U':
            {
                i = 4;
                break;
            }
        }
        if (i >= 0)
            num[i]++;
    }
}
main()
{
    char  s1[81];
    int  num1[5], i;
    printf("\nPlease enter a string: ");
    gets(s1);
    fun(s1, num1);
    for (i=0; i<5; i++)
        printf("%d", num1[i]);
    printf("\n");
}
```

☆☆

第 60 题

下列给定程序中，函数 fun 的功能是：找出一个大于给定整数 m 且紧随 m 的素数，并作为函数值返回。

请改正程序中的错误,使它能得出正确的结果。

注意:不要改动 main 函数,不得增行或删行,也不得更改程序的结构。

试题程序:

```
#include <conio.h>
#include <stdio.h>
int fun(int m)
{
    int i, k;
    for (i=m+1; ; i++)
    {
        for (k=2; k<i; k++)
            /********found********/
            if (i%k != 0)
                break;
        /********found********/
        if (k < i)
            return(i);
    }
}
main()
{
    int n;
    printf("\nplease enter n: ");
    scanf("%d", &n);
    printf("%d\n", fun(n));
}
```

☆☆☆☆☆ 二级 C 语言程序设计 ☆☆☆☆☆☆☆☆☆☆☆☆☆☆☆☆☆☆☆☆☆☆☆☆☆☆☆

第 61 题

下列给定程序中,函数 fun 的功能是:根据整型形参 m,计算如下公式的值。

$$y = \frac{1}{100 \times 100} + \frac{1}{200 \times 200} + \frac{1}{300 \times 300} + \cdots + \frac{1}{m \times m}$$

例如,若 m=2000,则应输出:0.000160。

请改正程序中的错误,使它能得出正确的结果。

注意:不要改动 main 函数,不得增行或删行,也不得更改程序的结构。

试题程序:

```
#include <conio.h>
#include <stdio.h>
```

```
/********found********/
fun(int m)
{
    double y = 0, d;
    int i;
    /********found********/
    for (i=100, i<=m, i+=100)
    {
        d = (double)i*(double)i;
        y += 1.0/d;
    }
    return (y);
}
main()
{
    int n = 2000;
    printf("\nThe result is %lf\n", fun(n));
}
```

☆☆

第 62 题

下列给定程序中，函数 fun 的功能是：计算并输出 high 以内最大的 10 个素数之和。high 由主函数传给 fun 函数。若 high 的值为 100，则函数的值为 732。

请改正程序中的错误，使程序能得出正确的结果。

注意：不要改动 main 函数，不得增行或删行，也不得更改程序的结构。

试题程序：

```
#include <conio.h>
#include <stdio.h>
#include <math.h>
int fun(int high)
{
    int sum = 0, n = 0, j, yes;
    while ((high >= 2) && (n < 10))
    {
        yes = 1;
        for (j=2; j<=high/2; j++)
            /********found********/
            if (high%j == 0)
            {
```

```
                yes = 0;
                break
            }
        if (yes)
        {
            sum += high;
            n++;
        }
        high--;
    }
    return sum;
}
main()
{
    printf("%d\n", fun(100));
}
```

★★

第 63 题

下列给定程序中，函数 fun 的功能是：将字符串 p 中的所有字符复制到字符串 b 中，要求每复制三个字符之后插入一个空格。例如，在调用 fun 函数之前给字符串 a 输入 ABCDEFGHIJK，调用函数之后，字符串 b 中的内容则为 ABC DEF GHI JK。

请改正程序中的错误，使它能得出正确的结果。

注意：不要改动 main 函数，不得增行或删行，也不得更改程序的结构。

试题程序：

```
#include <stdio.h>
void fun(char *p, char *b)
{
    int  i, k = 0;
    while (*p)
    {
        /********found********/
        i = 1;
        /********found********/
        while (i<3 || *p)
        {
            b[k] = *p;
            k++;
            p++;
```

```
                i++;
            }
        /********found********/
        if (*p)
            b[k] = ' ';
        }
    b[k] = '\0';
}
main()
{
    char  a[80], b[80];
    printf("Enter a string:    ");
    gets(a);
    printf("The original string: ");
    puts(a);
    fun(a, b);
    printf("\nThe string after insert space:  ");
    puts(b);
    printf("\n\n");
}
```

✶✶

第64题

下列给定程序中，函数 fun 的功能是：将大写字母转换为对应小写字母之后的第五个字母；若小写字母为 v~z，使小写字母的值减 21。转换后的小写字母作为函数值返回。例如，若形参是字母 A，则转换为小写字母 f；若形参是字母 W，则转换为小写字母 b。

请改正函数 fun 中的错误，使它能得出正确的结果。

注意：不要改动 main 函数，不得增行或删行，也不得更改程序的结构。

试题程序：

```
#include <stdio.h>
#include <ctype.h>
char fun(char  c)
{
    /********found********/
    if (c>='A' && c<='Z')
        c = c-32;
    /********found********/
    if (c>='a' && c<='u')
        c = c-5;
```

```
        else if (c>='v' && c<='z')
            c = c-21;
        return c;
}
main()
{
        char c1, c2;
        printf("\nEnter a letter(A-Z):  ");
        c1 = getchar();
        if (isupper(c1))
        {
            c2 = fun(c1);
            printf("\n\nThe letter %c change to %c\n", c1, c2);
        }
        else
        {
            printf("\nEnter (A-Z)!\n");
        }
}
```

✿✿✿

第 65 题

下列给定程序中函数 fun 的功能是：从低位开始取出长整型变量 s 中奇数位上的数，依次构成一个新数放在 t 中，例如，当 s 中的数为 7654321 时，t 中的数为 7531。

请改正程序中的错误，使它能得出正确的结果。

注意：不要改动 main 函数，不得增行或删行，也不得更改程序的结构。

试题程序：

```
#include <conio.h>
#include <stdio.h>
/********found********/
void fun(long  s, long  t)
{
        long  s1 = 10;
        *t = s%10;
        while (s > 0)
        {
            s = s/100;
            *t = s%10*s1 + *t;
            /********found********/
```

```
        s1 = s1*100;
    }
}
main()
{
    long  s, t;
    printf("\nPlease enter s:");
    scanf("%ld", &s);
    fun(s, &t);
    printf("The result is: %ld\n", t);
}
```

✿✿

第 66 题

下列给定程序中，fun 函数的功能是：求出以下分数序列的前 n 项之和。

$$\frac{2}{1}, \frac{3}{2}, \frac{5}{3}, \frac{8}{5}, \frac{13}{8}, \frac{21}{13}, \cdots$$

和值通过函数值返回 main() 函数。例如，若 n=5，则应输出 8.391667。

请改正程序中的错误，使它能得出正确的结果。

注意：不要改动 main 函数，不得增行或删行，也不得更改程序的结构。

试题程序：

```
#include <conio.h>
#include <stdio.h>
/********found********/
fun (int  n)
{
    int  a = 2, b = 1, c, k;
    double  s = 0.0 ;
    for (k=1; k<=n; k++)
    {
    s = s + 1.0*a/b;
    /********found********/
    c = a;
    a += b;
    b += c;
    }
    return s;
}
main()
```

161

```
{
    int  n = 5;
    printf("\nThe value of function is :%lf\n", fun(n));
}
```

☆☆☆☆☆☆☆☆☆☆☆☆☆☆☆☆☆☆☆☆☆☆☆☆☆☆☆☆☆☆☆☆☆☆☆

第 67 题

下列给定程序中，函数 fun 的功能是：应用递归算法求某数 a 的平方根。求平方根的迭代公式如下：

$$x1 = \frac{1}{2}(x0 + \frac{a}{x0})$$

例如，2 的平方根值为 1.414214。

请改正程序中的错误，使它能得出正确的结果。

注意：不要改动 main 函数，不得增行或删行，也不得更改程序的结构。

试题程序：

```
#include <stdio.h>
#include <math.h>
/********found********/
fun(double  a, double  x0)
{
    double  x1, y;
    x1 = (x0 + a/x0)/2.0;
    /********found********/
    if (abs(x1-x0) >= 1e-6)
        y = fun(a, x1);
    else
        y = x1;
    return y;
}
main()
{
    double  x;
    printf("Enter x: ");
    scanf("%lf", &x);
    printf("The square root of %lf is %lf\n", x, fun(x, 1.0));
}
```

☆☆☆☆☆☆☆☆☆☆☆☆☆☆☆☆☆☆☆☆☆☆☆☆☆☆☆☆☆☆☆☆☆☆☆

第 68 题

下列给定程序中，函数 fun 的功能是：根据输入的三个边长（整型值），判断能否构成三角形；构成的是等边三角形，还是等腰三角形。若能构成等边三角形函数返回 3，若能构成等腰三角形函数返回 2，若能构成三角形函数返回 1，若不能构成三角形函数返回 0。

请改正函数 fun 中的错误，使它能得出正确的结果。

注意：不要改动 main 函数，不得增行或删行，也不得更改程序的结构。

试题程序：

```c
#include <stdio.h>
int fun(int  a, int  b, int  c)
{
    if (a+b>c && b+c>a && a+c>b)
    {
        /********found********/
        if (a==b && b==c)
            return 1;
        else if (a==b || b==c || a==c)
            return 2;
        else
            /********found********/
            return 3;
    }
    else
        return 0;
}
main()
{
    int a, b, c, shape;
    printf("\nInput a,b,c: ");
    scanf("%d%d%d", &a, &b, &c);
    printf("\na=%d,  b=%d,  c=%d\n", a, b, c);
    shape = fun(a, b, c);
    printf("\n\nThe shape : %d\n", shape);
}
```

★★

第 69 题

下列给定程序的功能是：读入一个英文文本行，将其中每个单词的第一个字母改成大写，然后输出此文本行（这里的"单词"是指由空格隔开的字符串）。例如，若输入 I am a student to take the examination，则应输出 I Am A Student To Take The Examination。

请改正程序中的错误，使程序能得出正确的结果。

注意：不要改动 main 函数，不得增行或删行，也不得更改程序的结构。

试题程序：

```c
#include <ctype.h>
#include <string.h>
#include <stdio.h>
/********found********/
void upfst(char  p)
{
    int  k = 0;
    for (; *p; p++)
        if (k)
        {
            if (*p == ' ')
                k = 0;
        }
        else
        {
            if (*p != ' ')
            {
                k = 1;
                *p = toupper(*p);
            }
        }
}
main()
{
    char  chrstr[81];
    printf("\nPlease enter an English text line: ");
    gets(chrstr);
    printf("\n\nBefore changing:\n  %s", chrstr);
    upfst(chrstr);
    printf("\nAfter changing:\n %s\n", chrstr);
}
```

☆☆☆

第 70 题

下列给定程序中，函数 fun 的功能是：从整数 1 到 55 之间，选出能被 3 整除、且有一位上的数是 5 的那些数，并把这些数放在 b 所指的数组中，这些数的个数作为函数值返回。
规定，函数中 a1 放个位数，a2 放十位数。

请改正程序中的错误，使程序能得出正确的结果。

注意：不要改动 main 函数，不得增行或删行，也不得更改程序的结构。

试题程序：

```c
#include <stdio.h>
/********found********/
int fun( int  *b );
{
    int   k, a1, a2, i = 0;
    /********found********/
    for (k=10; k<=55; k++)
    {
        a2 = k/10;
        a1 = k - a2*10;
        if ((k%3==0 && a2==5) || (k%3==0 && a1==5))
        {
            b[i] = k;
            i++;
        }
    }
    /********found********/
    return k;
}
main()
{
    int  a[100], k, m;
    m = fun(a);
    printf("The result is:\n");
    for (k=0; k<m; k++)
        printf("%4d", a[k]);
    printf("\n");
}
```

★★

第 71 题

下列给定程序中，函数 fun 的功能是：求 k! (k<13)，所求阶乘的值作为函数值返回。
例如：若 k=10，则应输出 3628800。

请改正程序中的错误，使它能得出正确的结果。

注意：不要改动 main 函数，不得增行或删行，也不得更改程序的结构。

试题程序：

```
#include <conio.h>
#include <stdio.h>
long fun(int  k)
{
    /********found********/
    if k > 1
        return (k*fun(k-1));
    return 1;
}
main()
{
    int  k = 10;
    printf("%d!=%ld\n", k, fun(k));
}
```

★★

第 72 题

下列给定程序中函数 fun 的功能是：统计子字符串 substr 在字符串 str 中出现的次数。例如，若字符串为 aaas lkaaas，子字符串为 as，则应输出 2。

请改正程序中的错误，使它能得出正确的结果。

注意：不要改动 main 函数，不得增行或删行，也不得更改程序的结构。

试题程序：

```
#include <stdio.h>
/********found********/
int fun(char  *str, *substr)
{
    int  i, j, k, num = 0;
    /********found********/
    for (i=0, str[i], i++)
        for (j=i, k=0; substr[k]==str[j]; k++, j++)
            if (substr[k+1] == '\0')
            {
                num++;
                break;
            }
    return num;
}
```

```
main()
{
    char  str[80], substr[80];
    printf("Input a string:");
    gets(str);
    printf("Input a substring:");
    gets(substr);
    printf("%d\n", fun(str, substr));
}
```

★★

第 73 题

下列给定程序中，fun 函数的功能是：传入一个整数 m，计算如下公式的值。

$$t=1-\frac{1}{2}-\frac{1}{3}-\cdots-\frac{1}{m}$$

例如，若输入 5，则应输出-0.283333。

请改正函数 fun 中的错误或在横线处填上适当的内容并把横线删除，使它能计算出正确的结果。

注意：不要改动 main 函数，不得增行或删行，也不得更改程序的结构。

试题程序：

```
#include <conio.h>
#include <stdio.h>
double fun(int  m)
{
    double  t = 1.0;
    int  i;
    /********found********/
    for (i=2; i<=m; i++)
        t = 1.0 - 1/i;
    /********found********/
    ___填空___
}
main()
{
    int  m;
    printf("\nPlease enter 1 integer numbers:\n");
    scanf("%d", &m);
    printf("\n\nThe result is %lf\n", fun(m));
}
```

☆☆☆☆☆☆☆☆☆☆☆☆☆☆☆☆☆☆☆☆☆☆☆☆☆☆☆☆☆☆☆☆☆☆☆☆

第 74 题

下列给定程序中，函数 fun 的功能是：利用插入排序法对字符串中的字符按从小到大的顺序进行排序。插入法的基本算法是：先对字符串中的头两个元素进行排序。然后把第三个字符插入到前两个字符中，插入后前三个字符依然有序；再把第四个字符插入到前三个字符中，……。待排序的字符串已在主函数中赋予。

请改正程序中的错误，使它能得出正确的结果。

注意：不要改动 main 函数，不得增行或删行，也不得更改程序的结构。

试题程序：

```c
#include <stdio.h>
#include <string.h>
#define  N  80
void insert(char  *aa)
{
    int  i, j, n;
    char  ch;
    n = strlen(aa);
    for (i=1; i<n ;i++)
    {
        /********found********/
        c = aa[i];
        j = i-1;
        while ((j>=0) && (ch<aa[j]))
        {
            aa[j+1] = aa[j];
            j--;
        }
        aa[j+1] = ch;
    }
}
main()
{
    char  a[N] = "QWERTYUIOPASDFGHJKLMNBVCXZ";
    printf("The original string :    %s\n", a);
    insert(a);
    printf("The string after sorting : %s\n\n", a);
}
```

☆☆☆☆☆☆☆☆☆☆☆☆☆☆☆☆☆☆☆☆☆☆☆☆☆☆☆☆☆☆☆☆☆☆☆☆

第 75 题

下列给定程序中函数 fun 的功能是：输出 M 行 M 列正方阵，然后求两条对角线上各元素之和，返回此和数。

请改正程序中的错误，使它能得出正确的结果。

注意：不要改动 main 函数，不得增行或删行，也不得更改程序的结构。

试题程序：

```
#include <conio.h>
#include <stdio.h>
#define M 5
/********found********/
int fun(int m, int xx[][])
{
    int i, j, sum = 0;
    printf("\nThe %d x %d matrix:\n", M, M);
    for (i=0; i<m; i++)
    {
        /********found********/
        for (j=0; j<m; j++)
            printf("%4f", xx[i][j]);
        printf("\n");
    }
    for (i=0; i<m; i++)
        sum += xx[i][i]+xx[i][m-i-1];
    if (m%2 != 0)
        sum -= xx[m/2][m/2];
    return(sum);
}
main()
{
    int aa[M][M] = {{1, 2, 3, 4, 5}, {4, 3, 2, 1, 0},
        {6, 7, 8, 9, 0}, {9, 8, 7, 6, 5}, {3, 4, 5, 6, 7}};
    printf("\nThe sum of all elements on 2 diagnal is %d.", fun(M, aa));
}
```

★★★

第 76 题

下列给定程序中函数 fun 的功能是：将长整型数中每一位上为偶数的数依次取出，构成一个新数放在 t 中。高位仍在高位，低位仍在低位。例如，当 s 中的数为 87653142 时，

t 中的数为 8642。

请改正程序中的错误，使它能得出正确的结果。

注意：不要改动 main 函数，不得增行或删行，也不得更改程序的结构。

试题程序：

```c
#include <conio.h>
#include <stdio.h>
void fun(long  s, long  *t)
{
    /********found********/
    int  d;
    long  s1 = 0;
    *t = 0;
    while (s > 0)
    {
        d = s%10;
        if (d%2 == 0)
        {
            *t = d*s1 + *t;
            s1 *= 10;
        }
        /********found********/
        s \= 10;
    }
}
main()
{
    long  s, t;
    printf("\nPlease enter s:");
    scanf("%ld", &s);
    fun(s, &t);
    printf("The result is :%ld\n", t);
}
```

★★

第 77 题

下列给定程序中函数 fun 的功能是：将字符串中的内容按逆序输出，但不改变字符串中的内容。例如，若字符串为 abcd，则应输出 dcba。

请改正程序中的错误，使它能得出正确的结果。

注意：不要改动 main 函数，不得增行或删行，也不得更改程序的结构。

试题程序:

```c
#include <stdio.h>
/********found********/
void fun(char  a)
{
    if (*a)
    {
        fun(a+1);
        printf("%c", *a);
    }
}
main()
{
    char  s[10] = "abcd";
    printf("处理前字符串=%s\n 处理后字符串=", s);
    fun(s);
    printf("\n");
}
```

★★★

第78题

下列给定程序中函数 fun 的功能是: 判断一个整数 m 是否是素数, 若是返回 1, 否则返回 0。在 main()函数中, 若 fun 返回 1, 则输出 YES, 若 fun 返回 0, 则输出 NO!。

请改正程序中的错误, 使它能得出正确的结果。

注意: 不要改动 main 函数, 不得增行或删行, 也不得更改程序的结构。

试题程序:

```c
#include <conio.h>
#include <stdio.h>
int fun(int  m)
{
    int  k = 2;
    while (k <= m&&(m%k))
        /********found********/
        k++
    /********found********/
    if (m = k)
        return 1;
    else
        return 0;
```

```
    }
    main()
    {
        int  n;
        printf("\nPlease enter n:");
        scanf("%d", &n);
        if (fun(n))
            printf("YES\n");
        else
            printf("NO!\n");
    }
```

★★

第 79 题

下列给定程序中函数 fun 的功能是：删除字符串 s 中的所有空白字符（包括 Tab 字符、回车符及换行符）。输入字符串时用 "#" 结束输入。

请改正程序中的错误，使它能得出正确的结果。

注意：不要改动 main 函数，不得增行或删行，也不得更改程序的结构。

试题程序：

```
#include <string.h>
#include <stdio.h>
#include <ctype.h>
void fun(char  *p)
{
    int  i, t;
    char  c[80];
    for (i=0, t=0; p[i]; i++)
        if (!isspace(*(p+i)))
            c[t++] = p[i];
    /********found********/
    c[t] = "\0";
    strcpy(p, c);
}
main()
{
    char  c, s[80];
    int  i = 0;
    printf("Input a string: ");
    c = getchar();
```

```
        while (c != '#')
        {
            s[i] = c;
            i++;
            c = getchar();
        }
        s[i] = '\0';
        fun(s);
        puts(s);
    }
```

★★

第 80 题

下列给定程序中函数 fun 的功能是：求出以下分数列的前 n 项之和。

$$\frac{2}{1},\frac{3}{2},\frac{5}{3},\frac{8}{5},\frac{13}{8},\frac{21}{13},\cdots$$

和值通过函数值返回 main 函数。例如，若 n=5，则应输出 8.391667。

请改正程序中的错误，使它能得出正确的结果。

注意：不要改动 main 函数，不得增行或删行，也不得更改程序的结构。

试题程序：

```
#include <conio.h>
#include <stdio.h>
/********found********/
fun(int  n)
{
    int  a, b, c, k;
    double  s;
    s = 0.0;
    a = 2;
    b = 1;
    for (k=1; k<=n; k++)
    {
        /********found********/
        s = s + (Double)a/b;
        c = a;
        a = a+b;
        b = c;
    }
    return s;
```

```
    }
main()
{
    int  n = 5;
    printf("\nThe value of function is :%lf\n", fun(n));
}
```

☆☆

第 81 题

下列给定程序中，函数 fun 的功能是：根据整型参 n，计算如下公式的值。

$$A_1 = 1, \quad A_2 = \frac{1}{1+A_1}, \quad A_3 = \frac{1}{1+A_2}, \cdots, A_n = \frac{1}{1+A_{n-1}}$$

例如，若 n=10，则应输出 0.617978。

请改正程序中的错误，使它能得出正确的结果。

注意：不要改动 main 函数，不得增行或删行，也不得更改程序的结构。

试题程序：

```
#include <conio.h>
#include <stdio.h>
/********found********/
fun(int n)
{
    double  A = 1;
    int  i;
    /********found********/
    for(i=2;i<n;i++)
        A = 1.0/(1+A);
    return A;
}
main()
{
    int  n;
    printf("\nPlease enter n: ");
    scanf("%d",  &n);
    printf("A%d=%lf\n", n, fun(n));
}
```

☆☆

第 82 题

下列给定程序中，函数 fun 的功能是：计算整数 n 的阶乘。

请改正程序中的错误或在横线处填上适当的内容并把横线删除，使它能计算出正确的结果。

注意：不要改动 main 函数，不得增行或删行，也不得更改程序的结构。

试题程序：

```
#include <stdio.h>
double fun(int  n)
{
    double  result = 1.0;
    /********found********/
    while (n>1 && n<170)
        result *= --n;
    /********found********/
        填空
}
main()
{
    int  n;
    printf("Enter an integer: ");
    scanf("%d", &n);
    printf("\n\n%d!=%1g\n\n", n, fun(n));
}
```

★★

第 83 题

下列给定程序中，函数 fun 的功能是：交换主函数中两个变量的值。例如：若变量 a 中的值原为 8，b 中的值为 3，则程序运行后 a 中的值为 3，b 中的值为 8。

请改正程序中的错误，使它能得出正确的结果。

注意：不要改动 main 函数，不得增行或删行，也不得更改程序的结构。

试题程序：

```
#include <stdio.h>
/********found********/
void fun(int  x, int  y)
{
    int  t;
    /********found********/
    t = x;  x = y;  y = t;
```

```
    }
main()
{
    int  a, b;
    a = 8;
    b = 3;
    fun(&a, &b);
    printf("%d, %d\n", a, b);
}
```

****

第 84 题

下列给定程序中，函数 fun 的功能是：将十进制正整数 m 转换成 k（2≤k≤9）进制数，并按位输出。例如，若输入 8 和 2，则应输出 1000（即十进制数 8 转换成二进制表示是 1000）。

请改正 fun 函数中的错误，使它能得出正确的结果。

注意：不要改动 main 函数，不得增行或删行，也不得更改程序的结构。

试题程序：

```
#include <conio.h>
#include <stdio.h>
/********found********/
void fun(int  m, int  k);
{
    int  aa[20], i;
    for (i=0; m; i++)
    {
        /********found********/
        aa[i] = m/k;
        m /= k;
    }
    for (; i; i--)
    /********found********/
        printf("%d", aa[i]);
}
main()
{
    int  b, n;
    printf("\nPlease enter a number and a base:\n");
    scanf("%d%d", &n, &b);
    fun(n, b);
```

```
    printf("\n");
}
```

★★

第 85 题

下列给定程序中，函数 fun 的功能是：从字符串 s 中删除所有小写字母'c'。

请改正程序中的错误，使它能计算出正确的结果。

注意：不要改动 main 函数，不得增行或删行，也不得更改程序的结构。

试题程序：

```c
#include <stdio.h>
void fun(char  *s)
{
    int  i, j;
    for (i=j=0; s[i]!='\0'; i++)
        /********found********/
        if (s[i] != 'c')
            s[j] = s[i];
    /********found********/
    s[i] = '\0';
}
main()
{
    char  s[80];
    printf("Enter a string:    ");
    gets(s);
    printf("The original string :");
    puts(s);
    fun(s);
    printf("The string after deleted:");
    puts(s);
    printf("\n\n");
}
```

★★

第 86 题

下列给定程序中，函数 fun 的功能是：把主函数中输入的 3 个数，最大的放在 a 中，最小的放在 c 中。例如，输入的数为：55 12 34，输出结果应当是：a=55.0，b=34.0，c=12.0。

请改正程序中的错误，使它能得出正确的结果。

注意：不要改动 main 函数，不得增行或删行，也不得更改程序的结构。

试题程序：

```
#include <stdio.h>
void fun(float *p, float *q, float *s)
{
    /********found********/
    float *k;
    if (*p < *q)
    {
        k = *p;
        *p = *q;
        *q = k;
    }
    /********found********/
    if (*s < *p)
    {
        k = *s;
        *s = *p;
        *p = k;
    }
    if (*q < *s)
    {
        k = *q;
        *q = *s;
        *s = k;
    }
}
main()
{
    float a, b, c;
    printf("Input a b c:");
    scanf("%f%f%f", &a, &b, &c);
    printf("a=%4.1f,b=%4.1f,c=%4.1f\n\n", a, b, c);
    fun(&a, &b, &c);
    printf("a=%4.1f,b=%4.1f,c=%4.1f\n\n", a, b, c);
}
```

☆☆☆

第 87 题

下列给定程序中，函数 fun 的功能是：给一维数组 a 输入任意 4 个整数，并按如下的规律输出。例如输入 1、2、3、4，，程序运行后将输出以下方阵：

```
            4 1 2 3
            3 4 1 2
            2 3 4 1
            1 2 3 4
```

请改正函数 fun 中的错误，使它能得出正确的结果。

注意：不要改动 main 函数，不得增行或删行，也不得更改程序的结构。

试题程序：

```c
#include <stdio.h>
#define  M 4
/********found********/
void fun(int  a)
{
    int  i, j, k, m;
    printf("Enter 4 number : ");
    for (i=0; i<M; i++)
        scanf("%d", &a[i]);
    printf("\n\nThe result  :\n\n");
    for (i=M; i>0; i--)
    {
        k = a[M-1];
        /********found********/
        for (j=M-1; j>0; j--)
            a[j] = a[j+1];
        a[0] = k;
        for (m=0; m<M; m++)
            printf("%d  ", a[m]);
        printf("\n");
    }
}
main()
{
    int  a[M];
    fun(a);
    printf("\n\n");
}
```

☆☆☆☆☆☆☆☆☆☆☆☆☆☆☆☆☆☆☆☆☆☆☆☆☆☆☆☆☆☆☆☆☆☆☆☆☆☆

第 88 题

下列给定程序中，函数 fun 的功能是：从 3 个红球，5 个白球，6 个黑球中任意取出 8 个作为一组，进行输出。在每组中，可以没有黑球，但必须要有红球和白球。组合数作为函数值返回。正确的组合数应该是 15。程序中 i 的值代表红球数，j 的值代表白球数，k 的值代表黑球数。

请改正函数 fun 中的错误，使它能得出正确的结果。

注意：不要改动 main 函数，不得增行或删行，也不得更改程序的结构。

试题程序：

```c
#include <stdio.h>
int fun()
{
    int  i, j, k, sum = 0;
    printf("\nThe result  :\n\n");
    /********found********/
    for (i=0; i<=3; i++)
        for (j=1; j<=5; j++)
        {
            k = 8-i-j;
            /********found********/
            if (k>=1 && k<=6)
            {
                sum = sum+1;
                printf("red:%4d white:%4d black:%4d\n", i, j, k);
            }
        }
    return sum;
}
main()
{
    int  sum;
    sum = fun();
    printf("sum=%4d\n\n", sum);
}
```

★★★

第 89 题

下列给定程序中，函数 fun 的功能是：求整数 x 的 y 次方的低 3 位值。例如，整数 5 的 6 次方为 15625，此数的低 3 位值为 625。

请改正函数中的错误，使它能得出正确的结果。

注意：不要改动 main 函数，不得增行或删行，也不得更改程序的结构。

试题程序：

```
#include <stdio.h>
long fun(int  x, int  y, long  *p)
{
    int  i;
    long  t = 1;
    /********found********/
    for (i=1; i<y; i++)
        t = t*x;
    *p = t;
    /********found********/
    t = t/1000;
    return t;
}
main()
{
    long  t, r;
    int  x, y;
    printf("\nInput x and y: ");
    scanf("%ld%ld", &x, &y);
    t = fun(x, y, &r);
    printf("\n\nx=%d, y=%d, r=%ld, last=%ld\n\n", x, y, r, t);
}
```

★★

第 90 题

下列给定程序中，函数 fun 的功能是：计算 n 的 5 次方的值（规定 n 的值大于 2、小于 8），通过形参指针传回主函数；并计算该值的个位、十位、百位上数字之和作为函数值返回。例如，7 的 5 次方是 16807，其低 3 位数的和值是 15。

请改正函数 fun 中的错误，使它能得出正确的结果。

注意：不要改动 main 函数，不得增行或删行，也不得更改程序的结构。

试题程序：

```
#include <stdio.h>
#include <math.h>
int fun(int  n, int  *value)
{
    int  d, s, i;
```

```
        /********found********/
        d = 0;
        /********found********/
        s = 1;
        for (i=1; i<=5; i++)
            d = d*n;
        *value = d;
        for (i=1; i<=3; i++)
        {
            s = s + d%10;
            /********found********/
            s = s/10;
        }
        return s;
    }
    main()
    {
        int  n, sum, v;
        do
        {
            printf("\nEnter n(2<n<8): ");
            scanf("%d", &n);
        } while (n<=2 || n>=8);
        sum = fun(n, &v);
        printf("\n\nThe result:\n value=%d sum=%d\n\n", v, sum);
    }
```

☆☆

第 91 题

下列给定程序中，函数 fun 的功能是：读入一个字符串（长度<20），将该字符串中的所有字符按 ASCII 码升序排序后输出。例如，若输入 edcba，则应输出 abcde。

请改正程序中的错误，使它能统计出正确的结果。

注意：不要改动 main 函数，不得增行或删行，也不得更改程序的结构。

试题程序：

```
#include <string.h>
#include <stdio.h>
void fun(char  t[])
{
    char  c;
```

```
        int  i, j;
        /********found********/
        for (i=strlen(t); i; i--)
            for (j=0; j<i; j++)
                /********found********/
                if (t[j] < t[j+1])
                {
                    c = t[j];
                    t[j] = t[j+1];
                    t[j+1] = c;
                }
}
main()
{
    char  s[81];
    printf("\nPlease enter a character string: ");
    gets(s);
    printf("\n\nBefore sorting:\n %s ", s);
    fun(s);
    printf("\nAfter sorting decendingly:\n  %s", s);
}
```

★★★

第 92 题

下列给定程序中，fun 函数的功能是：求 s = aa … aa - … - aa - aa - a（此处 aa… aa 表示 n 个 a，a 和 n 的值在 1 至 9 之间）。例如 a=3，n=6，则以上表达式为：

s=333333-33333-3333-333-33-3

其值是 296298。a 和 n 是 fun 函数的形参，表达式的值作为函数值传回 main 函数。

请改正程序中的错误，使它能计算出正确的结果。

注意：不要改动 main 函数，不得增行或删行，也不得更改程序的结构。

试题程序：

```
#include <conio.h>
#include <stdio.h>
long fun(int  a, int  n)
{
    int  j;
    /********found********/
    long  s = 0, t = 1;
    /********found********/
```

```
    for (j=0; j<=n; j++)
        t = t*10 + a;
    s = t;
    for (j=1; j<n; j++)
    {
        /********found********/
        t = t%10;
        s = s-t;
    }
    return(s);
}
main()
{
    int  a, n;
    printf("\nPlease enter a and n:");
    scanf("%d%d", &a, &n);
    printf("The value of function is %ld\n", fun(a, n));
}
```

☆☆

第 93 题

下列给定程序中，函数 fun 的功能是：用下面的公式 π 的近似值，直到最后一项的绝对值小于指定的数（参数 num）为止：

$$\frac{\pi}{4} \approx 1-\frac{1}{3}+\frac{1}{5}-\frac{1}{7}+\cdots$$

例如，程序运行后，输入 0.0001，则程序输出 3.1414。

请改正程序中的错误，使它能输出正确的结果。

注意：不要改动 main 函数，不得增行或删行，也不得更改程序的结构。

试题程序：

```
#include <math.h>
#include <stdio.h>
float fun(float  num)
{
    int  s;
    float  n, t, pi;
    t = 1;
    pi = 0;
    n = 1;
    s = 1;
```

```
        /********found********/
        while (t >= num)
        {
            pi = pi+t;
            n = n+2;
            s = -s;
            /********found********/
            t = s%n;
        }
        pi = pi*4;
        return pi;
}
main()
{
        float  n1, n2;
        printf("Enter a float number: ");
        scanf("%f", &n1);
        n2 = fun(n1);
        printf("%6.4f\n", n2);
}
```

☆☆

第 94 题

在主函数中从键盘输入若干个数放入数组中，用 0 结束输入并放在最后一个元素中。下列给定程序中，函数 fun 的功能是：计算数组元素中值为正数的平均值（不包括 0）。例如：数组中元素的值依次为 39，-47，21，2，-8，15，0，则程序的运行结果为 19.250000。

请改正程序中的错误，使它能得出正确的结果。

注意：不要改动 main 函数，不得增行或删行，也不得更改程序的结构。

试题程序：

```
#include <conio.h>
#include <stdio.h>
double fun(int  x[])
{
        /********found********/
        int  sum = 0.0;
        int  c = 0, i = 0;
        while (x[i] != 0)
        {
            if (x[i] > 0)
```

```
            {
                sum += x[i];
                c++;
            }
            i++;
        }
        /********found********/
        sum \= c;
        return sum;
    }
    main()
    {
        int  x[1000];
        int  i = 0;
        printf("\nPlease enter some data(end with 0):");
        do
        {
            scanf("%d", &x[i]);
        } while (x[i++] != 0);
        printf("%lf\n", fun(x));
    }
```

☆☆

第 95 题

下列给定程序中，函数 fun 的功能是：计算并输出下列数的前 N 项之和 S_N，直到 S_{N+1} 大于 q 为止，q 的值通过形参传入。

$$S_N = \frac{2}{1} + \frac{3}{2} + \frac{4}{3} + \cdots + \frac{N+1}{N}$$

例如，若 q 的值为 50.0，则函数值为 49.394948。

请改正程序中的错误，使程序能输出正确的结果。

注意：不要改动 main 函数，不得增行或删行，也不得更改程序的结构。

试题程序：

```
#include <conio.h>
#include <stdio.h>
double fun(double  q)
{
    int  n;
    double  s, t;
    n = 2;
```

```
        s = 2.0;
        while (s <= q)
        {
            t = s;
            /********found********/
            s = s + (n+1)/n;
            n++;
        }
        printf("n=%d\n", n);
        /********found********/
        return s;
}
main()
{
        printf("%f\n", fun(50));
}
```

☆☆

第 96 题

下列给定程序中，函数 fun 的功能是：求 S 的值。设

$$S = \frac{1^2}{1 \cdot 3} \times \frac{4^2}{3 \cdot 5} \times \frac{6^2}{5 \cdot 7} \times \cdots \times \frac{(2k)^2}{(2k-1) \cdot (2k+1)}$$

例如，当 k 为 10 时，函数值应为 1.533852。
请改正程序中的错误，使程序能输出正确的结果。
注意：不要改动 main 函数，不得增行或删行，也不得更改程序的结构。
试题程序：

```
#include <conio.h>
#include <stdio.h>
#include <math.h>
/********found********/
fun(int k)
{
        int  n;
        double  s, w, p, q;
        n = 1;
        s = 1.0;
        while (n <= k)
        {
```

```
        w = 2.0*n;
        p = w-1.0;
        q = w+1.0;
        s = s*w*w/p/q;
        n++;
    }
    /********found********/
    return s;
}
main()
{
    printf("%lf\n", fun(10));
}
```

★★★

第 97 题

下列给定程序中，fun 的功能是：计算

S=f（-n）+f（-n+1）+…+f（0）+f（1）+f（2）+…+ f（n）的值。

例如，当 n 为 5 时，函数值应为 10.407143。f（x）函数定义如下：

$$f(x)=\begin{cases} (x+1)/(x-2) & x>0 \\ 0 & x=0 \text{ 或 } x=2 \\ (x-1)/(x-2) & x<0 \end{cases}$$

请改正程序中的错误，使程序能输出正确的结果。

注意：不要改动 main 函数，不得增行或删行，也不得更改程序的结构。

试题程序：

```
#include <conio.h>
#include <stdio.h>
#include <math.h>
/********found********/
f(double  x)
{
    if (x==0.0 || x==2.0)
        return 0.0;
    else if (x < 0.0)
        return (x-1)/(x-2);
    else
        return (x+1)/(x-2);
}
double fun(int n)
```

```
{
    int i;
    double s = 0.0, y;
    for (i=-n; i<=n; i++)
    {
        y = f(1.0*i);
        s += y;
    }
    /********found********/
    return s
}
main()
{
    printf("%lf\n", fun(5));
}
```

☆☆☆☆☆☆☆☆☆☆☆☆☆☆☆☆☆☆☆☆☆☆☆☆☆☆☆☆☆☆☆☆☆☆☆☆☆☆☆

第 98 题

下列给定程序中，函数 fun 的功能是：计算函数 $F(x, y, z) = (x+y) / (x-y) + (z+y) / (z-y)$ 的值。其中 x 和 y 的值不等，z 和 y 的值不等。例如，当 x 的值为 9、y 的值为 11、z 的值为 15 时，函数值为-3.50。

请改正程序中的错误，使它能得出正确的结果。

注意：不要改动 main 函数，不得增行或删行，也不得更改程序的结构。

试题程序：

```
#include <stdio.h>
#include <stdlib.h>
/********found********/
#define  FU(m,n)  (m/n)
float fun(float  a, float  b, float  c)
{
    float  value;
    value = FU((a+b), (a-b))+FU((c+b), (c-b));
    /********found********/
    Return (value);
}
main()
{
    float  x, y, z, sum;
    printf("Input x y z: ");
```

```
        scanf("%f%f%f", &x, &y, &z);
        printf("x=%f,y=%f,z=%f\n", x, y, z);
        if (x==y || y==z)
        {
            printf("Data error!\n");
            exit(0);
        }
        sum = fun(x, y, z);
        printf("The result is :%5.2f\n", sum);
    }
```

☆☆

第 99 题

数列中，第一项值为 3，后一项都比前一项的值增 5；下列给定程序中，函数 fun 的功能是：计算前 n（4<n<50）项的累加和；在累加过程中把那些被 4 除后余 2 的当前累加值放入数组中，符合此条件的累加值的个数作为函数值返回主函数。例如，当 n 的值为 20 时，该数列为 3，8，13，18，23，28，…，93，98。符合此条件的累加值应为 42，126，366，570，1010。

请改正函数 fun 中的错误，使它能得出正确的结果。

注意：不要改动 main 函数，不得增行或删行，也不得更改程序的结构。

试题程序：

```
#include <stdio.h>
#define  N 20
int fun(int  n, int  *a)
{
    /********found********/
    int  i, j, k, sum;
    sum = 0;
    for (k=3, i=0; i<n; i++, k+=5)
    {
        sum = sum+k;
        /********found********/
        if (sum%4 = 2)
            a[j++] = sum;
    }
    return j;
}
main()
{
```

```
    int  a[N], d, n, i;
    printf("\nEnter n (4<n<=50); ");
    scanf("%d", &n);
    d = fun(n, a);
    printf("\n\nThe result :\n");
    for (i=0; i<d; i++)
        printf("%6d", a[i]);
    printf("\n\n");
}
```

★★

第100题

　　下列给定程序中，函数 fun 的功能是：统计一个无符号整数中各位数字值为零的个数，通过形参传回主函数；并把该整数中各位上最大的数字值作为函数值返回。例如，若输入无符号整数 30800，则数字值为零的个数为 3，各位上数字值最大的是 8。

　　请改正函数 fun 中的错误，使它能得出正确的结果。

　　注意：不要改动 main 函数，不得增行或删行，也不得更改程序的结构。

　　试题程序：

```
#include <stdio.h>
int fun(unsigned  n, int  *zero)
{
    int  count = 0, max = 0, t;
    do
    {
        t = n%10;
        /********found********/
        if (t = 0)
            count++;
        if (max < t)
            max = t;
        n = n/10;
    } while (n);
    /********found********/
    zero = count;
    return max;
}
main()
{
    unsigned  n;
```

191

```
        int  zero, max;
        printf("\nInput n(unsigned):  ");
        scanf("%d", &n);
        max = fun(n, &zero);
        printf("\nThe result: max=%d  zero=%d\n", max, zero);
    }
```

第三部分　编程题

第1题

　　m 个人的成绩存放在 score 数组中，请编写函数 fun，它的功能是：返回低于平均分的人数，并将低于平均分的分数放在 below 所指的数组中。

　　例如，当 score 数组中的数据为 10、20、30、40、50、60、70、80、90 时，函数返回的人数应该是 4，below 中的数据应为 10、20、30、40。

　　注意：部分源程序给出如下。

　　请勿改动主函数 main 和其他函数中的任何内容，仅在函数 fun 的花括号中填入所编写的若干语句。

　　试题程序：

```c
#include <conio.h>
#include <stdio.h>
#include <string.h>
int fun(int score[],int m, int below[])
{

}
main()
{
    int i,n,below[9];
    int score[9]={10,20,30,40,50,60,70,80,90};
    FILE *out;
    n=fun(score,9,below);
    printf("\nBelow the average score are :");
    out=fopen("out.dat", "w");
    for(i=0;i<n;i++)
    {
        printf("%d ",below[i]);
        fprintf(out, "%d\n", below[i]);
    }
    fclose(out);
}
```

☆☆☆☆☆☆☆☆☆☆☆☆☆☆☆☆☆☆☆☆☆☆☆☆☆☆☆☆☆☆☆☆☆☆☆☆☆

第 2 题

请编写函数 fun，它的功能是：求出 1 到 1000 之内能被 7 或 11 整除、但不能同时被 7 和 11 整除的所有整数，并将它们放在 a 所指的数组中，通过 n 返回这些数的个数。

注意：部分源程序给出如下。

请勿改动主函数 main 和其他函数中的任何内容，仅在函数 fun 的花括号中填入所编写的若干语句。

试题程序：

```
#include <conio.h>
#include <stdio.h>
void fun(int *a,int *n)
{


}
main()
{
    int aa[1000],n,k;
    FILE *out;
    fun(aa,&n);
    out=fopen("out.dat", "w");
    for(k=0;k<n;k++)
        if((k+1)%10==0)
        {
            printf("%5d\n",aa[k]);
            fprintf(out, "%d\n", aa[k]);
        }
        else
        {
            printf("%5d,",aa[k]);
            fprintf(out, "%d,", aa[k]);
        }
    fclose(out);
}
```

★★★

第 3 题

请编写函数 void fun(int x, int pp[], int *n)，它的功能是：求出能整除 x 且不是偶数的各整数，并按从小到大的顺序放在 pp 所指的数组中，这些除数的个数通过形参 n 返回。

例如，若 x 中的值为 30，则有 4 个数符合要求，它们是 1，3，5，15。

注意：部分源程序给出如下。

请勿改动主函数 main 和其他函数中的任何内容，仅在函数 fun 的花括号中填入所编写的若干语句。

试题程序：

```
#include <conio.h>
#include <stdio.h>
void fun(int x, int pp[], int *n)
{

}
main()
{
    int x, aa[1000], n, i;
    FILE *out;
    printf("\nPlease enter an integer number:\n");
    scanf("%d",&x);
    fun(x,aa,&n);
    for(i=0;i<n;i++)
        printf("%d ", aa[i]);
    printf("\n");
    fun(730, aa, &n);
    out = fopen("out.dat", "w");
    for (i = 0; i < n; i++)
        fprintf(out, "%d\n", aa[i]);
    fclose(out);
}
```

☆☆☆☆☆☆☆☆☆☆☆☆☆☆☆☆☆☆☆☆☆☆☆☆☆☆☆☆☆☆☆☆☆☆☆☆

第 4 题

请编写一个函数 void fun(char *tt, int pp[])，统计在 tt 字符串中'a'到'z'26 个字母各自出现的次数，并依次放在 pp 所指数组中。

例如，当输入字符串 abcdefgabcdeabc 后，程序的输出结果应该是：

33322110000000000000000000

注意：部分源程序给出如下。

请勿改动主函数 main 和其他函数中的任何内容，仅在函数 fun 的花括号中填入所编写的若干语句。

试题程序：

```
# include <conio.h>
# include <stdio.h>
```

```
    void fun(char *tt, int pp[])
    {


    }
    main()
    {
        char aa[1000];
        int bb[26], k;
        FILE *out;
        printf("\nPlease enter a char string:");
        scanf("%s",aa);
        fun(aa,bb);
        for(k=0;k<26 ; k++)
            printf("%d",bb[k]);
        printf("\n");
        fun("a bosom friend afar brings a distant land near", bb);
        out = fopen("out.dat", "w");
        for (k = 0; k < 26; k++)
            fprintf(out, "%d\n", bb[k]);
        fclose(out);
    }
```

☆☆

第 5 题

请编写一个函数 void fun(int m，int k，int xx[])，该函数的功能是：将大于整数 m 且紧靠 m 的 k 个素数存入 xx 所指的数组中。

例如，若输入：17，5，则应输出：19，23，29，31，37。

注意：部分源程序给出如下。

请勿改动主函数 main 和其他函数中的任何内容，仅在函数 fun 的花括号中填入所编写的若干语句。

试题程序：

```
#include <conio.h>
#include <stdio.h>
void fun(int m, int k, int xx[])
{


}
main()
{
```

```
    int m,n,zz[1000];
    FILE *out;
    printf("\nPlease enter two integers:");
    scanf("%d,%d",&m,&n);
    fun( m,n,zz);
    for(m=0; m<n; m++)
        printf("%d ", zz[m]);
    printf("\n");
    fun(28, 20, zz);
    out = fopen("out.dat", "w");
    for (m = 0; m < 20; m++)
        fprintf(out, "%d\n", zz[m]);
    fclose(out);
}
```

★★

第 6 题

请编写一个函数 void fun(char a[],char b[],int n)，其功能是：删除一个字符串中指定下标的字符。其中，a 指向原字符串，删除后的字符串存放在 b 所指的数组中，n 中存放指定的下标。

例如，输入一个字符串 World，然后输入 3，则调用该函数后的结果为 Word。

注意：部分源程序给出如下。

请勿改动主函数 main 和其他函数中的任何内容，仅在函数 fun 的花括号中填入所编写的若干语句。

试题程序：

```
# include <stdio.h>
# include <conio.h>
# define LEN 20
void fun(char a[], char b[], int n)
{

}
main()
{
    char str1[LEN],str2[LEN];
    int n;
    FILE *out;
    printf("Enter the string:\n");
    gets(str1);
```

197

```
        printf("Enter the position of the string deleted:");
        scanf("%d",&n);
        fun(str1, str2, n);
        printf("The new string is:%s\n",str2);
        fun("Hello World!", str2, 9);
        out = fopen("out.dat", "w");
        fprintf(out, "%s", str2);
        fclose(out);
    }
```

★★

第 7 题

请编写一个函数 int fun(int *s, int t, int*k)，用来求出数组的最大元素在数组中的下标，并存放在 k 所指的存储单元中。

例如，输入如下整数：

876 675 896 101 301 401 980 431 451 777

则输出结果为：6，980。

注意：部分源程序给出如下。

请勿改动主函数 main 和其他函数中的任何内容，仅在函数 fun 的花括号中填入所编写的若干语句。

试题程序：

```
# include <conio.h>
# include <stdio.h>
void fun(int *s, int t , int *k)
{


}
main( )
{
    int a[10]={876,675,896,101,301,401,980,431,451,777}, k ;
    FILE *out;
    fun(a,10,&k);
    printf("%d, %d\n", k, a[k]);
    out = fopen("out.dat", "w");
    fprintf(out, "%d\n%d", k, a[k]);
    fclose(out);
}
```

★★

第 8 题

编写函数 fun，函数的功能是：根据以下公式计算 s，计算结果作为函数值返回；n 通过形参传入。

$$S = 1 + \frac{1}{1+2} + \frac{1}{1+2+3} + \cdots + \frac{1}{1+2+3+\cdots+n}$$

例如：若 n 的值为 11 时，函数的值为 1.833333。

注意：部分源程序给出如下。

请勿改动主函数 main 和其他函数中的任何内容，仅在函数 fun 的花括号中填入所编写的若干语句。

试题程序：

```c
#include<conio.h>
#include<stdio.h>
#include<string.h>
float fun (int n)
{

}
main()
{
    int n;
    float s;
    FILE *out;
    printf("\nPlease enter N:");
    scanf("%d",&n);
    s=fun(n);
    printf("The result is: %f\n",s);
    s = fun(28);
    out = fopen("out.dat", "w");
    fprintf(out, "%f", s);
    fclose(out);
}
```

★★★

第 9 题

编写函数 fun，它的功能是：根据以下公式求 P 的值，结果由函数值带回。m 与 n 为两个正整数且要求 m > n。

$$P = \frac{m!}{n!(m-n)!}$$

例如：m=12，n=8 时，运行结果为 495.000000。

注意：部分源程序给出如下。

请勿改动主函数 main 和其他函数中的任何内容，仅在函数 fun 的花括号中填入所编写的若干语句。

试题程序：

```c
#include <conio.h>
#include <stdio.h>
float fun( int m, int n)
{


}
main()
{
    FILE *out;
    printf("P=%f\n", fun(12,8));
    out = fopen("out.dat", "w");
    fprintf(out, "%f", fun(12,6));
    fclose(out);
}
```

☆☆

第 10 题

编写函数 fun，它的功能是：利用以下所示的简单迭代方法求方程 cos(x)-x=0 的一个实根。

$$x_{n+1} = \cos(x_n)$$

迭代步骤如下：

（1）取 x1 初值为 0.0；

（2）x0= x1，把 x1 的值赋给 x0；

（3）x1= cos(x0)，求出一个新的 x1；

（4）若 x0 - x1，的绝对值小于 0.000001，则执行步骤（5），否则执行步骤（2）；

（5）所求 x1 就是方程 cos(x)-x=0 的一个实根，作为函数值返回。

程序将输出结果 Root=0.739085。

注意：部分源程序给出如下。

请勿改动主函数 main 和其他函数中的任何内容，仅在函数 fun 的花括号中填入所编写的若干语句。

试题程序：

```c
#include <conio.h>
#include <math.h>
```

```
#include <stdio.h>
float fun()
{


}
main()
{
    FILE *out;
    float f = fun();
    printf("Root=%f\n", f);
    out = fopen("out.dat", "w");
    fprintf(out, "%f", f);
    fclose(out);
}
```

★★

第 11 题

下列程序定义了 N×N 的二维数组，并在主函数中自动赋值。请编写函数 fun(int a[] [N])，该函数的功能是：使数组左下半三角元素的值会全部置成 0。

例如：a 数组中的值为

$$a = \begin{vmatrix} 1 & 9 & 7 \\ 2 & 3 & 8 \\ 4 & 5 & 6 \end{vmatrix}，则返回主程序后 a 数组中的值应为 \begin{vmatrix} 0 & 9 & 7 \\ 0 & 0 & 8 \\ 0 & 0 & 0 \end{vmatrix}。$$

注意：部分源程序给出如下。

请勿改动主函数 main 和其他函数中的任何内容，仅在函数 fun 的花括号中填入所编写的若干语句。

试题程序：

```
#include <stdio.h>
#include <conio.h>
#include <stdlib.h>
#define N 5
void fun(int a[][N])
{


}
main()
{
    int a[N][N],i,j;
```

```
        FILE *out;
        printf("***** The array *****\n");
        for(i=0;i<N;i++)
        {
                for(j=0;j<N;j++)
                {
                        a[i][j]=rand()%10;
                        printf("%4d",a[i][j]);
                }
                printf("\n");
        }
        fun(a);
        printf("THE RESULT\n");
        for(i=0;i<N;i++)
        {
                for(j=0;j<N;j++)
                        printf("%4d",a[i][j]);
                printf("\n");
        }
        for(i=0;i<N;i++)
                for(j=0;j<N;j++)
                        a[i][j]=i*N+j+1;
        fun(a);
        out = fopen("out.dat", "w");
        for(i=0;i<N;i++)
        {
                for(j=0;j<N;j++)
                        fprintf(out, "%4d",a[i][j]);
                fprintf(out, "\n");
        }
        fclose(out);
}
```

✫✫✫

第 12 题

下列程序定义了 N×N 的二维数组，并在主函数中赋值。请编写函数 fun，函数的功能是：求出数组周边元素的平均值并作为函数值返回给主函数中的 s。

例如：若 a 数组中的值为

$$a = \begin{vmatrix} 0 & 1 & 2 & 7 & 9 \\ 1 & 9 & 7 & 4 & 5 \\ 2 & 3 & 8 & 3 & 1 \\ 4 & 5 & 6 & 8 & 2 \\ 5 & 9 & 1 & 4 & 1 \end{vmatrix}$$

则返回主程序后 s 的值应为 3.375。

注意：部分源程序给出如下。

请勿改动主函数 main 和其他函数中的任何内容，仅在函数 fun 的花括号中填入所编写的若干语句。

试题程序：

```
#include <stdio.h>
#include <conio.h>
#include <stdlib.h>
#define N 5
double fun (int w[][N])
{

}
main()
{
    int a[N][N]={0,1,2,7,9,1,9,7,4,5,2,3,8,3,1,4,5,6,8,2,5,9,1,4,1};
    int i,j;
    FILE *out;
    double s;
    printf("***** The array *****\n");
    for(i=0;i<N;i++)
    {
        for(j=0;j<N;j++)
        {
            printf("%4d",a[i][j]);
        }
        printf("\n");
    }
    s=fun(a);
    printf("***** THE RESULT *****\n");
    printf("The sum is %lf\n",s);
    out = fopen("out.dat", "w");
    fprintf(out, "%lf", s);
```

```
        fclose(out);
    }
```

★★★

第 13 题

请编一个函数 void fun(int tt[M][N], int pp[N])，tt 提向一个 M 行 N 列的二维数组，求出二维数组每列中最小元素，并依次放入 pp 所指一维数组中。二维数组中的数已在主函数中赋予。

注意：部分源程序给出如下。

请勿改动主函数 main 和其他函数中的任何内容，仅在函数 fun 的花括号中填入所编写的若干语句。

试题程序：

```c
#include <conio.h>
#include <stdio.h>
#define  M  3
#define  N  4
void fun ( int tt[M][N],int pp[N] )
{


}
main( )
{
    int t [ M ][ N ]={{22,45, 56,30},
    {19,33, 45,38},
    {20,22, 66,40}};
    int p [ N ], i, j, k;
    FILE *out;
    printf ( "The original data is : \n" );
    for( i=0; i<M; i++ ){
        for( j=0; j<N; j++ )
            printf ( "%6d", t[i][j] );
        printf("\n");
    }
    fun ( t, p );
    printf( "\nThe result  is:\n" );
    for ( k = 0; k < N; k++ )
        printf ( " %4d ", p[ k ] );
    printf("\n");
    out = fopen("out.dat", "w");
```

```
    for ( k = 0; k < N; k++ )
        fprintf (out, "%d\n", p[ k ] );
    fclose(out);

}
```

★★

第 14 题

请编写函数 fun，函数的功能是求出二维数组周边元素之和，作为函数值返回。二维数组中的值在主函数中赋予。

例如：若二维数组中的值为

13579

29994

69998

13570

则函数值为 61。

注意：部分源程序给出如下。

请勿改动主函数 main 和其他函数中的任何内容，仅在函数 fun 的花括号中填入所编写的若干语句。

试题程序：

```
#include <conio.h>
#include <stdio.h>
#define M 4
#define N 5
int fun ( int a[M][N] )
{

}
main( )
{
    int aa[M][N]={{1,3,5,7,9},
    {2,9,9,9,4},
    {6,9,9,9,8},
    {1,3,5,7,0}};
    int i, j, y;
    FILE *out;
    printf ( "The original data is : \n" );
    for ( i=0; i<M; i++ )
    {
        for ( j=0; j<N; j++ )
```

```
                    printf( "%6d", aa[i][j] );
            printf ("\n");
        }
    y = fun ( aa );
    printf( "\nThe  sum:  %d\n" , y);
    printf("\n");
    out = fopen("out.dat", "w");
    fprintf(out, "%d" , y);
    fclose(out);
}
```

☆☆☆☆☆☆☆☆☆☆☆☆☆☆☆☆☆☆☆☆☆☆☆☆☆☆☆☆☆☆☆☆☆☆☆☆☆

第 15 题

请编写一个函数 unsigned fun(unsigned w), w 是一个大于 10 的无符号整数, 若 w 是 n(n≥2)
位的整数, 则函数求出 w 的后 n-1 位的数作为函数值返回。

例如: w 值为 5923, 则函数返回 923; 若 w 值为 923, 则函数返回 23。

注意: 部分源程序给出如下。

请勿改动主函数 main 和其他函数中的任何内容, 仅在函数 fun 的花括号中填入所编写
的若干语句。

试题程序:

```
#include <conio.h>
#include <stdio.h>
unsigned fun ( unsigned w )
{

}
main( )
{
    unsigned x;
    FILE *out;
    printf ( "Enter a unsigned integer number :  " );
    scanf ( "%u", &x );
    printf ( "The original data is :  %u\n", x );
    if ( x<10 )
        printf ("Data error !");
    else
        printf ( "The result :  %u\n", fun ( x ) );
    out = fopen("out.dat", "w");
    fprintf(out, "%u" , fun(28));
```

```
        fclose(out);
    }
```

★★

第 16 题

请编一个函数 float fun(double h)，函数的功能是对变量 h 中的值保留 2 位小数，并对第三位进行四舍五入（规定 h 中的值为正数）。

例如：若 h 值为 8.32433，则函数返回 8.32；若 h 值为 8.32533，则函数返回 8.33。

注意：部分源程序给出如下。

请勿改动主函数 main 和其他函数中的任何内容，仅在 fun 函数的花括号中填入所编写的若干语句。

试题程序：

```c
#include <stdio.h>
#include <conio.h>
float fun ( float  h )
{

}
main( )
{
    float  a;
    FILE *out;
    printf ( "Enter  a:  " );
    scanf ( "%f", &a );
    printf ( "The original data is: " );
    printf ( "%f \n\n", a );
    printf ( "The result : %f\n", fun ( a ) );
    out = fopen("out.dat", "w");
    fprintf(out, "%f" , fun(3.141593));
    fclose(out);
}
```

★★

第 17 题

请编一个函数 fun(char *s)，该函数的功能是把字符串中的内容逆置。

例如：字符串中原有的字符串为 abcdefg，则调用该函数后，串中的内容为 gfedcba。

注意：部分源程序给出如下。

请勿改动主函数 main 和其他函数中的任何内容，仅在函数 fun 的花括号中填入所编写的若干语句。

试题程序：

```
#include <string.h>
#include <conio.h>
#include <stdio.h>
#define  N  81
void fun ( char *s)
{


}
main()
{
    char  a[N];
    FILE *out;
    printf ( "Enter  a  string : " );
    gets ( a );
    printf ( "The original string is: " );
    puts( a );
    fun ( a );
    printf("\n");
    printf ( "The string after modified : ");
    puts ( a );
    strcpy(a, "Hello World!");
    fun(a);
    out = fopen("out.dat", "w");
    fprintf(out, "%s" , a);
    fclose(out);
}
```

✸✸✸✸✸✸✸✸✸✸ C 语言程序设计 ✸✸✸✸✸✸✸✸✸✸✸✸✸✸✸✸✸✸✸✸✸✸✸✸✸✸

第 18 题

编写程序，实现矩阵（3 行列）的转置（即行列互换）。

例如，若输入下面的矩阵：

        100 200 300
        400 500 600
        700 800 900

则程序输出：

        100 400 700
        200 500 800
        300 600 900

注意：部分源程序给出如下。

请勿改动主函数 main 和其他函数中的任何内容，仅在函数 fun 的花括号中填入所编写的若干语句。

试题程序：

```
#include <stdio.h>
#include <conio.h>
void fun(int array[3][3])
{

}
main()
{
    int i,j;
    int array[3][3]={{100,200,300},
    {400,500,600},
    {700,800,900}};
    FILE *out;
    for (i=0;i<3;i++)
    {
        for(j=0;j<3;j++)
            printf("%7d",array[i][j]);
        printf("\n");
    }
    fun(array);
    printf("Converted array:\n");
    out = fopen("out.dat", "w");
    for (i=0;i<3;i++)
    {
        for(j=0;j<3;j++)
        {
            printf("%7d",array[i][j]);
            fprintf(out, "%7d",array[i][j]);
        }
        printf("\n");
        fprintf(out, "\n");
    }
    fclose(out);
}
```

☆☆☆

第 19 题

编写函数 fun，该函数的功能是：从字符串中删除指定的字符。同一字母的大、小写按不同字符处理。

例如：若程序执行时输入字符串为：turbo c and borland c++

从键盘上输入字符 n，则输出后变为：turbo c ad borlad c++

如果输入的字符在字符串中不存在，则字符串照原样输出。

注意：部分源程序给出如下。

请勿改动主函数 main 和其他函数中的任何内容，仅在函数 fun 的花括号中填入所编写的若干语句。

试题程序：

```c
#include <stdio.h>
#include <string.h>
void fun(char s[],int c)
{


}
main()
{
    static char str[]="turbo c and borland c++";
    char ch;
    FILE *out;
    printf("原始字符串:%s\n",str);
    printf("输入一个字符:");
    scanf("%c",&ch);
    fun(str,ch);
    printf("str[]=%s\n",str);
    strcpy(str, "turbo c and borland c++");
    fun(str, 'a');
    out = fopen("out.dat", "w");
    fprintf(out, "%s", str);
    fclose(out);
}
```

★★★

第 20 题

编写函数 int fun(int lim,int aa[MAX])，该函数的功能是求出小于或等于 lim 的所有素数并放在 aa 数组中，该函数返回所求出的素数的个数。

注意：部分源程序给出如下。

请勿改动主函数 main 和其他函数中的任何内容，仅在函数 fun 的花括号中填入所编写的若干语句。

试题程序：

```
#include <stdio.h>
#include <conio.h>
#define MAX 100
int fun( int lim, int aa[MAX])
{

}
main()
{
    int limit,i,sum;
    int aa[MAX] ;
    FILE *out;
    printf("输入一个整数");
    scanf(" %d", &limit);
    sum=fun(limit, aa);
    for(i=0 ; i < sum; i++)
    {
        if(i%10 == 0 && i !=0)
                printf("\n");
        printf("%5d", aa[i]);
    }
    sum=fun(28, aa);
    out = fopen("out.dat", "w");
    for(i=0 ; i < sum; i++)
        fprintf(out, "%d\n", aa[i]);
    fclose(out);
}
```

☆☆

第 21 题

请编写函数 fun，对长度为 7 个字符的字符串，除首、尾字符外，将其余 5 个字符按 ASCII 码降序排列。

例如，原来的字符串为 CEAedca，则排序后输出为 CedcEAa。

注意：部分源程序给出如下。

请勿改动主函数 main 和其他函数中的任何内容，仅在函数 fun 的花括号中填入所编写的若干语句。

试题程序：

```
#include <stdio.h>
#include <ctype.h>
#include <conio.h>
#include <string.h>
void fun( char *s,int num)
{


}
main()
{
    char s[10];
    FILE *out;
    printf("输入 7 个字符的字符串:");
    gets(s);
    fun(s,7);
    printf("\n%s", s);
    out=fopen("out.dat", "w");
    strcpy(s, "ceaEDCA");
    fprintf(out, "%s", s);
    fclose(out);
}
```

☆☆

第 22 题

N 名学生的成绩已在主函数中放入一个带头节点的链表结构中，h 指向链表的头节点。请编写函数 fun，它的功能是：找出学生的最高分，由函数返回。

注意：部分源程序给出如下。

请勿改动主函数 main 和其他函数中的任何内容，仅在函数 fun 的花括号中填入所编写的若干语句。

试题程序：

```
#include <stdio.h>
#include <stdlib.h>
#define  N  8
struct  slist
{
    double  s;
    struct slist *next;
};
```

```
typedef  struct  slist  STREC;
double  fun( STREC *h )
{


}
STREC *creat( double *s)
{
    STREC *h,*p,*q;
    int  i=0;
    h=p=(STREC*)malloc(sizeof(STREC));
    p->s=0;
    while(i<N)
    {
        q=(STREC*)malloc(sizeof(STREC));
        q->s=s[i];
        i++;
        p->next=q;
        p=q;
    }
    p->next=0;
    return  h;
}
outlist(STREC *h)
{
    STREC  *p;
    p=h->next;
    printf("head");
    do
    {
        printf("->%2.0f",p->s);
        p=p->next;
    }
    while(p!=0);
    printf("\n\n");
}
main()
{
    double  s[N]={85,76,69,85,91,72,64,87}, max;
    STREC  *h;
```

```
    FILE *out;
    h=creat(s);
    outlist(h);
    max=fun(h);
    printf("max=%6.1f\n",max);
    out=fopen("out.dat", "w");
    fprintf(out, "max=%6.1f",max);
    fclose(out);
}
```

☆☆

第 23 题

请编写函数 fun，该函数的功能是：判断字符串是否为回文？若是则函数返回 1，主函数中输出 YES，否则返回 0，主函数中输出 NO。回文是指顺读和倒读都一样的字符串。

例如，字符串 LEVEL 是回文，而字符串 123312 就不是回文。

注意：部分源程序给出如下。

请勿改动主函数 main 和其他函数中的任何内容，仅在函数 fun 的花括号中填入所编写的若干语句。

试题程序：

```
#include <stdio.h>
#define N 80
int fun(char *str)
{


}
main()
{
    char s[N] ;
    FILE *out;
    char *test[] = {"1234321", "123421", "123321", "abcdCBA"};
    int i;
    printf("Enter a string: ") ;
    gets(s) ;
    printf("\n\n") ;
    puts(s) ;
    if(fun(s))
        printf("  YES\n") ;
    else
        printf("  NO\n") ;
```

```
            out=fopen("out.dat", "w");
            for (i = 0; i < 4; i++)
                    if (fun(test[i]))
                            fprintf(out, "YES\n");
                    else
                            fprintf(out, "NO\n");
            fclose(out);
    }
```

☆☆☆☆☆☆☆☆☆☆☆☆☆☆☆☆☆☆☆☆☆☆☆☆☆☆☆☆☆☆☆☆☆☆☆☆☆

第 24 题

请编写一个函数 fun，它的功能是：将一个数字字符串转换为一个整数（不得调用 C 语言提供的将字符串转换为整数的函数）。

例如，若输入字符串"-1234"，则函数把它转换为整数值-1234。

注意：部分源程序给出如下。

请勿改动主函数 main 和其他函数中的任何内容，仅在函数 fun 的花括号中填入所编写的若干语句。

试题程序：

```
#include <stdio.h>
#include <string.h>
long fun ( char *p)
{


}
main()
{
    char  s[6];
    long    n;
    FILE *out;
    char *test[] = {"-1234", "5689", "7102", "-4356"};
    printf("Enter a string:\n");
    gets(s);
    n = fun(s);
    printf("%ld\n",n);
    out=fopen("out.dat", "w");
    for(n=0;n<4;n++)
          fprintf(out, "%ld\n", fun(test[n]));
    fclose(out);
}
```

✫✫✫✫✫✫✫✫✫✫✫✫✫✫✫✫✫✫✫✫✫✫✫✫✫✫✫✫✫✫✫✫✫✫✫✫✫✫

第 25 题

请编写一个函数 fun，它的功能是：比较两个字符串的长度（不得调用 C 语言提供的求字符串长度的函数），函数返回较长的字符串。若两个字符串长度相同，则返回第一个字符串。

例如，输入：beijing shanghai <CR> (<CR>为回车键)，函数将返回 shanghai。

注意：部分源程序给出如下。

请勿改动主函数 main 和其他函数中的任何内容，仅在函数 fun 的花括号中填入所编写的若干语句。

试题程序：

```c
#include <stdio.h>
char *fun ( char *s, char *t)
{


}
main( )
{
    char a[20],b[10],*p,*q;
    int  i;
    FILE *out;
    printf("Input 1th string:");
    gets(a);
    printf("Input 2th string:");
    gets( b);
    printf("%s\n", fun(a, b ));
    out=fopen("out.dat", "w");
    fprintf(out, "%s", fun("hunan", "changsha"));
    fclose(out);
}
```

✫✫✫✫✫✫✫✫✫✫✫✫✫✫✫✫✫✫✫✫✫✫✫✫✫✫✫✫✫✫✫✫✫✫✫✫✫✫

第 26 题

请编写一个函数 fun，它的功能是：根据以下公式求 π 的值（要求满足精度 0.0005，即某项小于 0.0005 时停止迭代）：

$$\frac{\pi}{2} = 1 + \frac{1}{3} + \frac{1 \times 2}{3 \times 5} + \frac{1 \times 2 \times 3}{3 \times 5 \times 7} + \frac{1 \times 2 \times 3 \times 4}{3 \times 5 \times 7 \times 9} + \cdots + \frac{1 \times 2 \times 3 \times \cdots \times n}{3 \times 5 \times 7 \times \cdots \times (2n+1)}$$

程序运行后，如果输入精度 0.0005，则程序输出为 3.14…。

注意：部分源程序给出如下。

请勿改动主函数 main 和其他函数中的任何内容，仅在函数 fun 的花括号中填入所编写的若干语句。

试题程序：

```
#include <stdio.h>
#include <math.h>
double  fun ( double  eps)
{


}
main()
{
    double  x;
    FILE *out;
    printf("Input eps:");
    scanf("%lf",&x);
    printf("\neps=%lf, PI=%lf\n", x, fun(x));
    out=fopen("out.dat", "w");
    fprintf(out, "eps=%lf, PI=%lf\n", 0.00003, fun(0.00003));
    fclose(out);
}
```

★★★

第 27 题

请编写一个函数 fun，它的功能是：求出 1 到 m 之内（含 m）能被 7 或 11 整除的所有整数放在数组 a 中，通过 n 返回这些数的个数。

例如，若传送给 m 的值为 50，则程序输出：7 11 14 21 22 28 33 35 42 44 49。

注意：部分源程序给出如下。

请勿改动主函数 main 和其他函数中的任何内容，仅在函数 fun 的花括号中填入所编写的若干语句。

试题程序：

```
#include <conio.h>
#include <stdio.h>
#define M 100
void fun ( int m, int *a, int *n )
{


}
main()
```

```
{
    int aa[M], n, k;
    FILE *out;
    fun ( 50, aa, &n );
    for ( k = 0; k < n; k++ )
        if((k+1)%20==0)
                printf("%4d\n", aa[k]);
        else
                printf("%4d", aa[k] );
    printf("\n");
    out=fopen("out.dat", "w");
    fun ( 100, aa, &n );
    for ( k = 0; k < n; k++ )
        if((k+1)%10==0)
                fprintf(out, "%4d\n", aa[k]);
        else
                fprintf(out, "%4d", aa[k] );
    fclose(out);
}
```

☆☆

第 28 题

请编写一个函数 fun，它的功能是：找出一维整型数组元素中最大的值和它所在的下标，最大的值和它所在的下标通过形参传回。数组元素中的值已在主函数中赋予。

主函数中 x 是数组名，n 是 x 中的数据个数，max 存放最大值，index 存放最大值所在元素的下标。

注意：部分源程序给出如下。

请勿改动主函数 main 和其他函数中的任何内容，仅在函数 fun 的花括号中填入所编写的若干语句。

试题程序：

```
#include <stdlib.h>
#include <stdio.h>
#include <string.h>
void fun ( int a[], int n, int *max, int *d )
{

}
main()
{
```

```
        int i,  x[20],  max,  index,  n=10;
        FILE *out;
        for (i=0; i < n; i++)
        {
            x[i] = rand()%50;
            printf("%4d", x[i]) ;
        }
        printf("\n");
        fun( x, n , &max, &index);
        printf("Max=%5d, Index=%4d\n", max, index);
        out=fopen("out.dat", "w");
        memcpy(x, "3.14159265358979323846264338279", 32);
        fun( x, 8 , &max, &index);
        fprintf(out, "Max=%5d, Index=%4d", max, index);
        fclose(out);
    }
```

★★★

第 29 题

请编写一个函数 fun，它的功能是：将 ss 所指字符串中所有下标为奇数位置上的字母转换为大写（若该位置上不是字母，则不转换）。

例如，若输入 abc4EFg，则应输出 aBc4EFg。

注意：部分源程序给出如下。

请勿改动主函数 main 和其他函数中的任何内容，仅在函数 fun 的花括号中填入所编写的若干语句。

试题程序：

```
#include <conio.h>
#include <stdio.h>
#include <string.h>
void fun  ( char *ss)
{

}
main( )
{
    char tt[81];
    FILE *out;
    printf("\n Please enter an string within 80 characters:\n");
    gets( tt );
```

```
        printf("\n\nAfter changing, the string\n  %s\n", tt );
        fun( tt );
        printf( "\nbecomes \n  %s\n", tt );
        out=fopen("out.dat", "w");
        strcpy(tt, "Please enter an string within 80 characters:");
        fun( tt );
        fprintf(out, "%s",  tt );
        fclose(out);
}
```

★★

第 30 题

请编写一个函数 fun，它的功能是：求出一个 2×M 整型二维数组中最大元素的值，并将最大值值返回调用函数。

注意：部分源程序给出如下。

请勿改动主函数 main 和其他函数中的任何内容，仅在函数 fun 的花括号中填入所编写的若干语句。

试题程序：

```
#define M 4
#include <stdio.h>
fun (int a[][M])
{


}
main()
{
    int arr[2][M]={5,8,3,45,76,-4,12,82} ;
    FILE *out;
    printf("max=%d\n", fun(arr)) ;
    out=fopen("out.dat", "w");
    fprintf(out, "max=%d", fun(arr)) ;
    fclose(out);
}
```

★★

第 31 题

请编写函数 fun，其功能是：将 s 所指字符串中除了下标为偶数、同时 ASCII 值也为偶数的字符外，其余的全都删除；串中剩余字符所形成的一个新串放在 t 所指的数组中。

例如，若 s 所指字符串中的内容为 ABCDEFG123456，其中字符 A 的 ASCII 码值为奇数，因此应当删除；其中字符 B 的 ASCII 码值为偶数，但在数组中的下标为奇数；因此也应当删除；而字符 2 的 ASCII 码值为偶数，所在数组中的下标也为偶数，因此不应当删除，其他依此类推。最后 t 所指的数组中的内容应是 246。

注意：部分源程序给出如下。

请勿改动主函数 main 和其他函数中的任何内容，仅在函数 fun 的花括号中填入所编写的若干语句。

试题程序：

```
#include <conio.h>
#include <stdio.h>
#include <string.h>
void fun(char *s, char t[])
{

}
main()
{
    char s[100], t[100];
    FILE *out;
    printf("\nPlease enter string S:");
    scanf("%s", s);
    fun(s, t);
    printf("\nThe result is : %s\n", t);
    out=fopen("out.dat", "w");
    strcpy(s, "Please enter string S:");
    fun(s, t);
    fprintf(out, "%s", t);
    fclose(out);
}
```

☆☆☆☆☆☆☆☆☆☆☆☆☆☆☆☆☆☆☆☆☆☆☆☆☆☆☆☆☆☆☆☆☆☆☆☆☆☆☆

第 32 题

请编写函数 fun，其功能是：将 s 所指字符串中除了下标为奇数、同时 ASCII 值也为奇数的字符之外，其余的所有字符都删除，串中剩余字符所形成的一个新串放在 t 所指的数组中。

例如，若 s 所指字符串中的内容为 ABCDEFG12345，其中字符 A 的 ASCII 码值虽为奇数，但所在元素的下标为偶数，因此必需删除；而字符 1 的 ASCII 码值为奇数，所在数组中的下标也为奇数，因此不应当删除，其他依此类推。最后 t 所指的数组中的内容应是 135。

注意：部分源程序给出如下。

请勿改动主函数 main 和其他函数中的任何内容，仅在函数 fun 的花括号中填入所编写的若干语句。

试题程序：

```
#include <conio.h>
#include <stdio.h>
#include <string.h>
void fun(char *s, char t[])
{


}
main()
{
    char  s[100], t[100];
    FILE *out;
    printf("\nPlease enter string S:");
    scanf("%s", s);
    fun(s, t);
    printf("\nThe result is: %s\n", t);
    out=fopen("out.dat", "w");
    strcpy(s, "Please enter string S:");
    fun(s, t);
    fprintf(out, "%s", t);
    fclose(out);
}
```

☆☆

第 33 题

假定输入的字符串中只包含字母和*号。请编写函数 fun，它的功能是：使字符串中尾部的*号不得多于 n 个；若多于 n 个，则删除多余的*号；若少于或等于 n 个，则什么也不做，字符串中间和前面的*号不删除。

例如，字符串中的内容为****A*BC*DEF*G*******，若 n 的值为 4，删除后，字符串中的内容则应当是****A*BC*DEF*G****；若 n 的值为 7，则字符串中的内容仍为****A*BC*DEF*G*******。n 的值在主函数中输入。在编写函数时，不得使用 C 语言提供的字符串函数。

注意：部分源程序给出如下。

请勿改动主函数 main 和其他函数中的任何内容，仅在函数 fun 的花括号中填入所编写的若干语句。

试题程序：

```
#include <stdio.h>
#include <conio.h>
```

```
#include <string.h>
void  fun(char *a , int  n)
{

}
main()
{
    char  s[81];
    int  n;
    FILE *out;
    printf("Enter a string :\n");
    gets(s);
    printf("Enter n:  ");
    scanf("%d",&n);
    fun( s,n );
    printf("The string after deleted :\n");
    puts(s);
    out=fopen("out.dat", "w");
    strcpy(s, "****A*BC*D**EF*G*********");
    fun(s, 5);
    fprintf(out, "%s", s);
    fclose(out);
}
```

★★★

第 34 题

学生的记录由学号和成绩组成，N 名学生的数据已在主函数中放入结构体数组 s 中，请编写函数 fun，它的功能是：把分数最高的学生数据放在 h 所指的数组中，注意：分数最高的学生可能不只一个，函数返回分数最高的学生的人数。

注意：部分源程序给出如下。

请勿改动主函数 main 和其他函数中的任何内容，仅在函数 fun 的花括号中填入所编写的若干语句。

试题程序：

```
#include <stdio.h>
#define  N  16
typedef  struct
{
    char  num[10];
    int    s;
```

```
} STREC;
int fun ( STREC *a, STREC *b )
{


}
main ()
{
    STREC  s[N]= {{"GA05",85}, {"GA03",76}, {"GA02",69}, {"GA04",85},
    {"GA01",91}, {"GA07",72}, {"GA08",64}, {"GA06", 87},
    {"GA015",85}, {"GA013",91}, {"GA012",64}, {"GA014",91},
    {"GA011",77}, {"GA017",64}, {"GA018",64}, {"GA016",72}};
    STREC  h[N];
    int  i, n;
    FILE *out;
    n=fun ( s, h );
    printf ("The %d highest  score  :\n", n);
    for (i=0; i<n; i++)
        printf ("%s  %4d\n", h[i]. num, h[i]. s);
    printf ("\n");
    out=fopen ("out.dat", "w");
    fprintf (out, "%d\n", n);
    for (i=0;  i<n;  i++)
        fprintf (out,  "%4d\n", h[i].s);
    fclose (out );
}
```

☆☆☆☆☆☆☆☆☆☆☆☆☆☆☆☆☆☆☆☆☆☆☆☆☆☆☆☆☆☆☆☆☆☆☆☆☆☆

第 35 题

请编写一个函数，用来删除字符串中的所有空格。

例如，输入 asd af aa z67，则输出为 asdafaaz67。

注意：部分源程序给出如下。

请勿改动主函数 main 和其他函数中的任何内容，仅在函数 fun 的花括号中填入所编写的若干语句。

试题程序：

```
#include <stdio.h>
#include <ctype.h>
#include <conio.h>
void fun(char *str)
{
```

```
    }
main()
{
    char str[81];
    char Msg[] = "Input a string:";
    int n;
    FILE *out;
    printf(Msg) ;
    gets(str);
    puts(str);
    fun(str);
    printf("*** str: %s\n", str);
    out=fopen ("out.dat", "w");
    fun(Msg);
    fprintf (out, "%s", Msg);
    fclose (out );
}
```

☆☆

第 36 题

假定输入的字符串中只包含字母和*号。请编写函数 fun，它的功能是：将字符串中的前导*号全部移到字符串的尾部。

例如，若字符串中的内容为*******A*BC*DEF*G****，移动后，字符串中的内容应当是 A*BC*DEF*G***********。在编写函数时，不得使用 C 语言提供的字符串函数。

注意：部分源程序给出如下。

请勿改动主函数 main 和其他函数中的任何内容，仅在函数 fun 的花括号中填入所编写的若干语句。

试题程序：

```
#include <stdio.h>
#include <conio.h>
void fun( char *a)
{


}
main()
{
    char  s[81],*p;
    FILE *out;
```

```
    char test[4][80] = {"*******A*BC*DEF*G****", "A******B*CD**EF*G*",
        "****A****G*", "*d**b**a**e*"};
    int i;
    printf("Enter a string:\n");
    gets(s);
    fun( s );
    printf("The string after moveing:\n");
    puts(s);
    out=fopen("out.dat", "w");
    for(i=0;i<4;i++)
    {
        fun(test[i]);
        fprintf(out, "%s\n", test[i]);
    }
    fclose(out);
}
```

☆☆

第 37 题

某学生的记录由学号、8 门课程成绩和平均分组成，学号和 8 门课程的成绩已在主函数中给出。请编写函数 fun，它的功能是：求出该学生的平均分，并放在记录的 ave 成员中。请自己定义正确的形参。

例如，若学生的成绩是 85.5,76,69.5,85,91,72,64.5,87.5，则他的平均分应当是 78.875。

注意：部分源程序给出如下。

请勿改动主函数 main 和其他函数中的任何内容，仅在函数 fun 的部位中填入所编写的若干语句。

试题程序：

```
#include <stdio.h>
#define N 8
typedef struct
{
    char num[10];
    double s[N];
    double ave;
} STREC;
void fun(STREC *p)
{

}
```

```
main()
{
    STREC  s={"GA005",85.5,76,69.5,85,91,72,64.5,87.5};
    int  i;
    FILE  *out;
    fun( &s );
    printf("The %s's student data:\n", s.num);
    for(i=0;i<N;i++)
        printf("%4.1f\n",s.s[i]);
    printf("\nave=%7.3f\n",s.ave);
    out=fopen ("out.dat", "w");
    fprintf(out, "The %s's student data:\n", s.num);
    for(i=0;i<N;i++)
        fprintf(out, "%4.1f\n",s.s[i]);
    fprintf(out, "\nave=%7.3f\n",s.ave);
    fclose (out );
}
```

☆☆☆

第 38 题

请编写函数 fun，它的功能是：求出 ss 所指字符串中指定字符的个数，并返回此值。

例如，若输入字符串 123412132，输入字符 1，则输出 3。

注意：部分源程序给出如下。

请勿改动主函数 main 和其他函数中的任何内容，仅在函数 fun 的花括号中填入所编写的若干语句。

试题程序：

```
#include <conio.h>
#include <stdio.h>
#include <string.h>
#define  M 81
int fun(char *ss, char c)
{

}
main()
{
    char  a[M],  ch;
    FILE  *out;
    printf("\nPlease enter a string:");
```

```
        gets(a);
        printf("\nPlease enter a char:");
        ch = getchar();
        printf("\nThe number of the char is: %d\n", fun(a, ch));
        out=fopen ("out.dat", "w");
        strcpy(a, "The number of the char is: ");
        fprintf(out, "%d", fun(a, ' '));
        fclose (out );
    }
```

★★★

第 39 题

请编写函数 fun，该函数的功能是：移动一维数组中的内容；若数组中有 n 个整数，要求把下标从 0 到 p（p 小于等于 n-1）的数组元素平移到数组的最后。

例如，一维数组中的原始内容为：1,2,3,4,5,6,7,8,9,10；p 的值为 3。移动后，一维数组中的内容应为：5,6,7,8,9,10,1,2,3,4。

注意：部分源程序给出如下。

请勿改动主函数 main 和其他函数中的任何内容，仅在函数 fun 的花括号中填入所编写的若干语句。

试题程序：

```
#include <stdio.h>
#define   N    80
void fun(int *w, int p, int n)
{

}
main()
{
    int  a[N]={1,2,3,4,5,6,7,8,9,10,11,12,13,14,15};
    int  i,p,n=15;
    FILE *out;
    int test[N] = {1,1,2,3,5,8,13,21,34,55,89,144};
    printf("The original data:\n");
    for(i=0; i<n; i++)
        printf("%3d",a[i]);
    printf("\n\nEnter  p: ");
    scanf("%d",&p);
    fun(a,p,n);
    printf("\nThe data after moving :\n");
```

```
        for(i=0; i<n; i++)
            printf("%3d",a[i]);
    printf("\n\n");
    out=fopen("out.dat", "w");
    fun(test,6,12);
    for(i=0;i<12;i++)
        fprintf(out, "%d\n", test[i]);
    fclose(out);
}
```

☆☆

第 40 题

请编写函数 fun，该函数的功能是：移动字符串中的内容，移动的规则如下：把第 1 到第 m 个字符，平移到字符串的最后，把第 m+1 到最后的字符移到字符串的前部。

例如，字符串中原有的内容为 ABCDEFGHIJK，m 的值为 3，移动后，字符串中的内容应该是 DEFGHIJKABC。

注意：部分源程序给出如下。

请勿改动主函数 main 和其他函数中的任何内容，仅在函数 fun 的花括号中填入所编写的若干语句。

试题程序：

```
#include <stdio.h>
#include <string.h>
#define    N    80
void fun(char *w, int m)
{


}
main()
{
    char  a[N]= "ABCDEFGHIJK";
    int m;
    FILE *out;
    printf("The original string:\n");
    puts(a);
    printf("\n\nEnter  m:  ");
    scanf("%d",&m);
    fun(a,m);
    printf("\nThe string after moving:\n");
    puts(a);
```

229

```
        printf("\n\n");
        out=fopen ("out.dat", "w");
        fun(a, strlen(a)-m);
        fun(a, 3);
        fprintf(out, "%s", a);
        fclose (out );
    }
```

★★★

第 41 题

请编写函数 fun，该函数的功能是：将 M 行 N 列的二维数组中的字符数据，按列的顺序依次放到一个字符串中。

例如，若二维数组中的数据为：

W　W　W　W

S　S　S　S

H　H　H　H

则字符串中的内容应是 WSHWSHWSH。

注意：部分源程序给出如下。

请勿改动主函数 main 和其他函数中的任何内容，仅在函数 fun 的花括号中填入所编写的若干语句。

试题程序：

```
#include <stdio.h>
#define   M   3
#define   N   4
void  fun(char  (*s)[N], char *b)
{


}
main()
{
    char a[100], w[M][N] = {{'w','w', 'w','w'},
        {'S','S','S','S'}, {'H','H','H','H'}};
    int  i,j;
    FILE *out;
    printf("The matrix:\n");
    for(i=0;  i<M;  i++)
    {
        for(j=0;j<N;  j++)
                printf("%3c",w[i][j]);
```

```
        printf("\n");
    }
    fun(w,a);
    printf("The A string:\n");
    puts(a);
    printf("\n\n");
    out=fopen ("out.dat", "w");
    fprintf(out, "%s", a);
    fclose (out );
}
```

✩✩✩

第 42 题

下列程序定义了 N×N 的二维数组，并在主函数中自动赋值。请编写函数 fun(int a[][N], int n)，该函数的功能是：使数组右上半三角元素中的值乘以 m。

例如：若 m 的值为 2，a 数组中的值为

$$a = \begin{vmatrix} 1 & 9 & 7 \\ 2 & 3 & 8 \\ 4 & 5 & 6 \end{vmatrix} \quad 则返回主程序后 a 数组中的值应为 \quad \begin{vmatrix} 2 & 18 & 14 \\ 2 & 6 & 16 \\ 4 & 5 & 12 \end{vmatrix} 。$$

注意：部分源程序给出如下。

请勿改动主函数 main 和其他函数中的任何内容，仅在函数 fun 的花括号中填入所编写的若干语句。

试题程序：

```
#include <stdio.h>
#include <conio.h>
#include <stdlib.h>
#include <string.h>
#define N 5
void fun ( int a[][N], int m )
{


}
main ( )
{
    int a[N][N], m, i, j;
    FILE *out;
    printf("**** The array *****\n");
    for ( i=0; i<N; i++ )
```

```
{
        for( j=0; j<N; j++ )
        {
                a[i][j] = rand()%20;
                printf("%4d", a[i][j] );
        }
        printf("\n");
}
m = rand()%4 ;
printf("m=%4d\n", m);
fun ( a ,m );
printf (" THE RESULT\n");
for ( i=0;  i<N; i++ )
{
        for ( j=0; j<N; j++ )
                printf( "%4d", a[i][j] );
        printf("\n");
}
out=fopen ("out.dat", "w");
for ( i=0;  i<N; i++ )
        for( j=0; j<N; j++ )
                a[i][j] = i*j;
fun ( a ,8);
for ( i=0;  i<N; i++ )
{
        for ( j=0; j<N; j++ )
                fprintf(out, "%4d", a[i][j] );
        fprintf(out, "\n");
}
fclose (out );
}
```

★★

第 43 题

编写一个函数，从传入的 num 个字符串中找出最长的一个字符串，传回该串地址（用 ****作为结束输入的标志）。

注意：部分源程序给出如下。

请勿改动主函数 main 和其他函数中的任何内容，仅在函数 fun 的花括号中填入所编写的若干语句。

试题程序：

```c
#include <stdio.h>
#include <string.h>
#include <conio.h>
char *fun(char (*a)[81],int num)
{

}
main()
{
    char ss[10][81],*max;
    int n,i=0;
    FILE *out;
    printf("输入若干个字符串:");
    gets(ss[i]);
    puts(ss[i]);
    while(!strcmp(ss[i],"****")==0)
    {
        i++;
        gets(ss[i]);
        puts(ss[i]);
    }
    n=i;
    max=fun(ss,n);
    printf("\nmax=%s\n",max);
    out=fopen ("out.dat", "w");
    strcpy(ss[0], "Oh,");
    strcpy(ss[1], "you");
    strcpy(ss[2], "want");
    strcpy(ss[3], "some");
    strcpy(ss[4], "too?!?");
    fprintf(out, "%s", fun(ss, 5));
    fclose (out );
}
```

☆☆

第 44 题

编写一个函数，该函数可以统计一个长度为 2 的字符串在另一个字符串中出现的次数。
例如，假定输入的字符串为：asd asasdfg asd as zx67 asd mklo，子字符串为 as，则应输

出 6。

注意：部分源程序给出如下。

请勿改动主函数 main 和其他函数中的任何内容，仅在函数 fun 的花括号中填入所编写的若干语句。

试题程序：

```c
#include <stdio.h>
#include <string.h>
#include <conio.h>
int fun(char *str,char *substr)
{

}
main()
{
    char str[81],substr[3];
    int n;
    FILE *out;
    printf("输入主字符串: ");
    gets(str);
    printf("输入子字符串: ");
    gets(substr);
    puts(str);
    puts(substr);
    n=fun(str,substr);
    printf("n=%d\n",n);
    out=fopen ("out.dat", "w");
    strcpy(str, "asd asasdfg asd as zx67 asd mklo");
    strcpy(substr, "as");
    fprintf(out, "%d", fun(str, substr));
    fclose (out );
}
```

☆☆☆

第 45 题

假定输入的字符串中只包含字母和*号。请编写函数 fun，它的功能是：只删除字符串前导和尾部的*号，串中字母之间的*号都不删除。形参 n 给出了字符串的长度，形参 h 给出了字符串中前导*号的个数，形参 e 给出了字符串中最后*号的个数。在编写函数时，不得使用 C 语言提供的字符串函数。

例如，若字符串中的内容为****A*BC*DEF*G*******，删除后，字符串中的内容则应当是 A*BC*DEF*G。

注意：部分源程序给出如下。

请勿改动主函数 main 和其他函数中的任何内容，仅在函数 fun 的花括号中填入所编写的若干语句。

试题程序：

```
#include <stdio.h>
#include <conio.h>
#include <string.h>
void fun( char *a, int n, int h, int e)
{

}
main()
{
    char s[81],*t,*f;
    int m=0, tn=0, fn=0;
    FILE *out;
    printf("Enter a string:\n");
    gets(s);
    t=f=s;
    while(*t)
    {
        t++;
        m++;
    }
    t--;
    while(*t=='*')
    {
        t--;
        tn++;
    }
    while(*f=='*')
    {
        f++;
        fn++;
    }
    fun( s, m,fn,tn );
    printf("The string after deleted:\n");
    puts(s);
```

```
    out=fopen ("out.dat", "w");
    strcpy(s, "*****A*BC*DE*F*G*******");
    fun (s, strlen(s), 5, 7);
    fprintf(out, "%s", s);
    fclose (out );
}
```

★★★

第 46 题

学生的记录由学号和成绩组成，N 名学生的数据已在主函数中放入结构体数组 s 中，请编写函数 fun，它的功能是：按分数的高低排列学生的记录，高分在前。

注意：部分源程序给出如下。

请勿改动主函数 main 和其他函数中的任何内容，仅在函数 fun 的花括号中填入所编写的若干语句。

试题程序：

```
#include <stdio.h>
#define    N  16
typedef    struct
{
    char  num[10];
    int   s;
} STREC;
void  fun ( STREC  a[ ] )
{


}
main ()
{
    STREC  s[N]= {{"GA005",85}, {"GA003",76}, {"GA002",69}, {"GA004",85},
    {"GA001",91}, {"GA007",72}, {"GA008",64}, {"GA006", 87},
    {"GA015",85}, {"GA013",91}, {"GA012",64}, {"GA014",91},
    {"GA011",66}, {"GA017",64}, {"GA018",64}, {"GA016",72}};
    int i; FILE  *out;
    fun ( s );
    printf ("The  data  after  sorted  :\n");
    for (i=0; i<N;  i++)
    {
        if ( (i)%4==0 )
            printf ("\n");
```

```
        printf ("%s  %4d  ", s[i].num, s[i].s);
    }
    printf ("\n");
    out=fopen ("out.dat", "w");
    for (i=0; i<N;  i++)
    {
        if ( (i)%4==0 && i )
             fprintf (out, "\n" );
        fprintf (out,  "%4d", s[i].s);
    }
    fprintf ( out, "\n" );
    fclose (out );
}
```

☆☆

第 47 题

请编写一个函数 void fun(char *ss)，其功能是：将字符串 ss 中所有下标为奇数位置上的字母转换为大写（若该位置上不是字母，则不转换）。

例如，若输入 abc4EFg，则应输出 aBc4EFg。

注意：部分源程序给出如下。

请勿改动主函数 main 和其他函数中的任何内容，仅在函数 fun 的花括号中填入所编写的若干语句。

试题程序：

```
#include <conio.h>
#include <stdio.h>
#include <string.h>
void fun(char *ss)
{


}
void main( void )
{
    char tt[51];
    FILE *out;
    printf("\nPlease enter an character string within 50 characters:\n" );
    gets( tt );
    printf("\n\nAfter changing, the string\n  %s", tt );
    fun(tt) ;
    printf( "\nbecomes\n  %s", tt );
```

```
    out=fopen ("out.dat", "w");
    strcpy(tt, "After changing, the string");
    fun(tt);
    fprintf(out, "%s", tt);
    fclose (out );
}
```

★★★

第 48 题

请编写函数 fun，其功能是：将两个两位数的正整数 a、b 合并形成一个整数放在 c 中。合并的方式是：将 a 数的十位和个位数依次放在 c 数的千位和十位上，b 数的十位和个位数依次放在 c 数的百位和个位上。

例如，当 a=45，b=12，调用该项函数后，c=4152。

注意：部分源程序给出如下。

请勿改动主函数 main 和其他函数中的任何内容，仅在函数 fun 的花括号中填入所编写的若干语句。

试题程序：

```
#include <conio.h>
#include <stdio.h>
void fun (int a, int b ,long *c)
{

}
main ()
{
    int a,b;
    long c;
    FILE *out;
    printf ("Input a, b:");
    scanf("%d%d", &a, &b);
    fun (a, b, &c);
    printf ("The result is: %d\n", c);
    out=fopen ("out.dat", "w");
    for (a = 10; a < 20; a++)
    {
        fun(a, 109-a, &c);
        fprintf(out, "%d\n", c);
    }
    fclose (out );
```

```
}
```

★★

第 49 题

请编写函数 fun，其功能是：将 s 所指字符串中下标为偶数同时 ASCII 值为奇数的字符删除，s 中剩余的字符形成的新串放在 t 所指的数组中。

例如，若 s 所指字符串中的内容为 ABCDEFG12345，其中字符 C 的 ASCII 码值为奇数，在数组中的下标为偶数，因些必须删除；而字符 1 的 ASCII 码值为奇数，在数组中的下标也为奇数，因此不应当删除，其他依此类推。最后 t 所指的数组中的内容应是 BDF12345。

注意：部分源程序给出如下。

请勿改动主函数 main 和其他函数中的任何内容，仅在函数 fun 的花括号中填入所编写的若干语句。

试题程序：

```c
#include <conio.h>
#include <stdio.h>
#include <string.h>
void fun(char *s, char t[])
{

}
main()
{
    char s[100], t[100];
    FILE *out;
    printf("\nPlease enter string S:");
    scanf("%s", s);
    fun(s, t);
    printf("\nThe result is : %s\n", t);
    out=fopen ("out.dat", "w");
    strcpy(s, "Please enter string S:");
    fun(s, t);
    fprintf(out, "%s", t);
    fclose (out );
}
```

★★

第 50 题

已知学生的记录由学号和学习成绩构成，N 名学生的数据已存入 a 结构体数组中。请编写函数 fun，该函数的功能是：找出成绩最高的学生记录，通过形参返回主函数（规定只有一个最高分）。已给出函数的首部，请完成该函数。

注意：部分源程序给出如下。

请勿改动主函数 main 和其他函数中的任何内容，仅在函数 fun 的花括号中填入所编写的若干语句。

试题程序：

```c
#include <stdio.h>
#include <string.h>
#include <conio.h>
#define N 10
typedef struct ss
{
    char num[10];
    int s;
} STU;
void fun( STU a[], STU *s )
{

}
main ( )
{
    STU a[N]={ {"A01",81},{"A02",89},{"A03",66},{"A04",87},{"A05",77},
    {"A06",90},{"A07",79},{"A08",61},{"A09",80},{"A10",71} }, m ;
    int i;
    FILE *out;
    printf("***** The original data *****\n");
    for ( i=0; i<N; i++ )
        printf("N0=%s  Mark=%d\n", a[i].num,a[i].s);
    fun ( a, &m);
    printf("***** THE RESULT*****\n");
    printf("The top : %s , %d\n", m.num, m.s);
    out=fopen ("out.dat", "w");
    fprintf(out, "%s\n%d", m.num, m.s);
    fclose (out );
}
```

☆☆☆

第 51 题

请编写函数 fun，其功能是：将所有大于 1 小于整数 m 的非素数存入 xx 所指数组中，非素数的个数通过 k 传回。

例如，若输入 17，则应输出：9 和 4 6 8 9 10 12 14 15 16。

注意：部分源程序给出如下。

请勿改动主函数 main 和其他函数中的任何内容，仅在函数 fun 的花括号中填入所编写的若干语句。

试题程序：

```
#include <conio.h>
#include <stdio.h>
void fun( int m, int *k, int xx[] )
{


}
main()
{

    int m, n, zz[100];
    FILE *out;
    printf( "\nPlease enter an integer number between 10 and 100: " );
    scanf( "%d", &n );
    fun( n, &m, zz );
    printf( "\n\nThere are %d non-prime numbers less than %d: ", m, n );
    for( n = 0; n < m; n++ )
        printf( "\n  %4d", zz[n] );
    out=fopen("out.dat", "w");
    fun( 28, &m, zz );
    fprintf(out, "%d\n", m);
    for( n = 0; n < m; n++ )
        fprintf(out, "%d\n", zz[n] );
    fclose(out);
}
```

☆☆☆

第 52 题

编写一个函数 fun，它的功能是：实现两个字符串的连接（不使用库函数 strcat），即把 p2 所指的字符串连接到 p1 所指的字符串后。

例如，分别输入下面两个字符串：

        FirstString--

        SecondString

则程序输出：

        FirstString--SecondString

注意：部分源程序给出如下。

请勿改动主函数 main 和其他函数中的任何内容，仅在函数 fun 的花括号中填入所编写的若干语句。

试题程序：

```
#include <stdio.h>
#include <conio.h>
void fun(char p1[], char p2[])
{

}
main()
{
    char s1[80], s2[40] ;
    FILE *out;
    printf("Enter s1 and s2:\n") ;
    scanf("%s%s", s1, s2) ;
    printf("s1=%s\n", s1) ;
    printf("s2=%s\n", s2) ;
    printf("Invoke fun(s1,s2):\n") ;
    fun(s1, s2) ;
    printf("After invoking:\n") ;
    printf("%s\n", s1) ;
    out=fopen("out.dat", "w");
    strcpy(s1, "Hello ");
    fun(s1, "World!");
    fprintf(out, "%s\n", s1) ;
    strcpy(s1, "This ");
    fun(s1, "is ");
    fun(s1, "a ");
    fun(s1, "test ");
    fun(s1, "string.");
    fprintf(out, "%s\n", s1) ;
    fclose(out);
}
```

☆☆☆

第 53 题

请编写函数 fun，该函数的功能是：实现 B=A+A'，即把矩阵 A 加上 A 的转置，存放在矩阵 B 中。计算结果在 main 函数中输出。

例如，输入下面的矩阵：　　　　　其转置矩阵为：

```
      1  2  3              1  4  7
      4  5  6              2  5  8
      7  8  9              3  6  9
```

则程序输出：

```
      2   6   10
      6   10  14
      10  14  18
```

注意：部分源程序给出如下。

请勿改动主函数 main 和其他函数中的任何内容，仅在函数 fun 的花括号中填入所编写的若干语句。

试题程序：

```c
#include <conio.h>
#include <stdio.h>
void fun ( int a[3][3], int b[3][3])
{

}
main( )
{
    int a[3][3]={{1, 2, 3}, {4, 5, 6}, {7, 8, 9}}, t[3][3] ;
    int i, j ;
    FILE *out;
    fun(a, t) ;
    out=fopen("out.dat", "w");
    for (i = 0 ; i < 3 ; i++)
    {
        for (j = 0 ; j < 3 ; j++)
        {
                printf("%7d", t[i][j]) ;
                fprintf(out, "%7d", t[i][j]) ;
        }
        printf("\n") ;
        fprintf(out, "\n");
    }
    fclose(out);
}
```

★★

243

第 54 题

学生的记录由学号和成绩组成，N 名学生的数据已在主函数中放入结构体数组 s 中，请编写函数 fun，它的功能是：把低于平均分的学生数据放在 b 所指的数组中，低于平均分的学生人数通过形参 n 传回，平均分通过函数值返回。

注意：部分源程序给出如下。

请勿改动主函数 main 和其他函数中的任何内容，仅在函数 fun 的花括号中填入所编写的若干语句。

试题程序：

```
#include <stdio.h>
#define    N    8
typedef    struct
{
    char   num[10];
    double   s;
} STREC;
double fun ( STREC *a,  STREC *b,  int *n )
{

}
main()
{
    STREC   s[N]={{"GA05",85}, {"GA03",76}, {"GA02",69}, {"GA04",85},
    {"GA01",91}, {"GA07",72}, {"GA08",64}, {"GA06", 87}};
    STREC   h[N], t;FILE *out ;
    int  i, j, n;
    double   ave;
    ave=fun ( s, h, &n );
    printf ("The %d student data which is lower than %7.3f:\n", n, ave );
    for (i=0; i<n; i++)
        printf ("%s %4.1f\n", h[i]. num, h[i]. s);
    printf ("\n");
    out=fopen ("out.dat","w");
    fprintf (out,  "%d\n%7.3f\n",  n,  ave);
    for (i=0; i<n; i++)
        for(j=i+1;j<n;j++)
            if(h[i].s>h[j].s)
            {
                t=h[i] ;
```

```
                        h[i]=h[j];
                        h[j]=t;
                }
        for(i=0;i<n; i++)
                fprintf (out, "%4.1f\n", h[i].s );
        fclose (out );
}
```

★★

第 55 题

　　请编写函数 fun，该函数的功能是：将 M 行 N 列的二维数组中的数据，按行的顺序依次放到一维数组中，一维数组中数据的个数存放在形参 n 所指的存储单元中。

　　例如，若二维数组中的数据为：

　　　　　33 33 33 33
　　　　　44 44 44 44
　　　　　55 55 55 55

　　则一维数组中的内容应是：

　　　　　33 33 33 33 44 44 44 44 55 55 55 55

　　注意：部分源程序给出如下。

　　请勿改动主函数 main 和其他函数中的任何内容，仅在函数 fun 的花括号中填入所编写的若干语句。

　　试题程序：

```
#include <stdio.h>
void fun(int  (*s)[10], int *b, int *n, int mm, int nn)
{


}
main()
{
    int w[10][10] = {{33,33,33,33},{44,44,44,44},{55,55,55,55}}, i, j ;
    int a[100] = {0}, n = 0 ;
    FILE *out ;
    printf("The matrix:\n") ;
    for(i = 0 ; i < 3 ; i++)
    {
        for(j = 0 ; j < 4 ; j++)
                printf("%3d",w[i][j]) ;
        printf("\n") ;
    }
```

```
        fun(w, a, &n, 3, 4) ;
        printf("The A array:\n") ;
        out=fopen ("out.dat","w");
        for(i = 0 ; i < n ; i++)
        {
                printf("%3d",a[i]);
                fprintf(out, "%d\n",a[i]);
        }
        fclose (out );
        printf("\n\n") ;
}
```

★★

第 56 题

假定输入的字符串中只包含字母和*号。请编写函数 fun，它的功能是：除了尾部的*号之外，将字符串中其他*号全部删除。形参 p 已指向字符串中最后的一个字母。在编写函数时，不得使用 C 语言提供的字符串函数。

例如，若字符串中的内容为****A*BC*DEF*G*******，删除后，字符串中的则内容应当是 ABCDEFG*******。

注意：部分源程序给出如下。

请勿改动主函数 main 和其他函数中的任何内容，仅在函数 fun 的花括号中填入所编写的若干语句。

试题程序：

```
#include <stdio.h>
#include <conio.h>
#include <string.h>
void fun ( char *a, char *p)
{


}
main()
{
    char  s[81],*t;
    FILE *out ;
    printf("Enter a string:\n");
    gets(s);
    t=s;
    while(*t)
            t++;
```

246

```
        t--;
        while(*t=='*')
            t--;
        fun( s , t );
        printf("The string after deleted:\n");
        puts(s);
        out=fopen ("out.dat","w");
        strcpy(s, "****A*BC*DE*F*G********");
        fun(s, s+14);
        fprintf(out, "%s", s);
        fclose (out );
}
```

★★★

第 57 题

学生的记录由学号和成绩组成，N 名学生的数据已在主函数中放入结构体数组 S 中，请编写函数 fun，它的功能是：把指定分数范围内的学生数据放在 b 所指的数组中，分数范围内的学生人数由函数值返回。

例如，输入的分数是 60 和 69，则应当把分数在 60 到 69 的学生数据进行输出，包含 60 分和 69 分的学生数据。主函数中将把 60 放在 low 中，把 69 放在 heigh 中。

注意：部分源程序给出如下。

请勿改动主函数 main 和其他函数中的任何内容，仅在函数 fun 的花括号中填入所编写的若干语句。

试题程序：

```
#include <stdio.h>
#define    N  16
typedef    struct
{
    char  num[10];
    int   s;
}  STREC;
int  fun ( STREC  *a, STREC *b, int l, int h )
{


}
main ()
{
    STREC  s[N]= {{"GA005",85}, {"GA003",76}, {"GA002",69}, {"GA004",85},
    {"GA001",96}, {"GA007",72}, {"GA008",64}, {"GA006", 87},
```

```
                {"GA015",85}, {"GA013",94}, {"GA012",64}, {"GA014",91},
                {"GA011",90}, {"GA017",64}, {"GA018",64}, {"GA016",72}};
    STREC  h[N],tt;
    FILE *out;
    int  i,j,n, low, heigh, t;
    printf ( "Enter 2 integer number low & heigh :  ");
    scanf ("%d%d",  &low, &heigh );
    if ( heigh < low )
    {
          t=heigh;
          heigh=low;
          low=t;
    }
    n=fun (s, h, low , heigh );
    printf ( "The student 's data between %d----%d : \n", low, heigh );
    for (i=0; i<n; i++)
          printf ("%s  %4d\n", h[i]. num, h[i]. s);
    printf ( "\n" );
    out=fopen ("out.dat", "w");
    n=fun ( s, h, 80, 98 );
    fprintf ( out, "%d\n", n );
    for (i=0; i<n-1; i++)
          for (j=i+1; j<n; j++)
                if(h[i].s>h[j].s)
                {
                      tt=h[i] ;
                      h[i]=h[j];
                      h[j]=tt;
                }
    for(i=0;i<n; i++)
          fprintf (out, "%4d\n", h[i]. s);
    fprintf ( out, "\n" );
    fclose ( out );
}
```

☆☆☆

第 58 题

编写函数 fun，它的功能是：求 n 以内（不包括 n）同时能被 3 与 7 整除的所有自然数之和的平方根 s，并作为函数值返回。

例如，若 n 为 1000 时，函数值应为 s=153.909064。

注意：部分源程序给出如下。

请勿改动主函数 main 和其他函数中的任何内容，仅在函数 fun 的花括号中填入所编写的若干语句。

试题程序：

```
#include <conio.h>
#include <math.h>
#include <stdio.h>
double  fun( int  n)
{


}
main()
{
    FILE *out ;
    printf("s=%f\n", fun ( 1000 ) );
    out=fopen ("out.dat","w");
    fprintf(out, "%f", fun ( 1024) );
    fclose (out );
}
```

✫✫

第 59 题

请编写函数 fun，该函数的功能是：将放在字符串数组中的 M 个字符串（每串的长度不超过 N），按顺序合并组成一个新的字符串。

例如，若字符串数组中的 M 个字符串为：

AAAA

BBBBBBB

CC

则合并后的字符串的内容应是 AAAABBBBBBBCC。

注意：部分源程序给出如下。

请勿改动主函数 main 和其他函数中的任何内容，仅在函数 fun 的花括号中填入所编写的若干语句。

试题程序：

```
#include <stdio.h>
#define   M   3
#define   N   20
void fun(char a[M][N], char *b)
{
```

```
}
main()
{
    char w[M][N]={"AAAA", "BBBBBBB","CC"},i;
    char a [100]={"###############################"};
    FILE *out ;
    printf("The string:\n");
    for(i=0; i<M; i++)
        puts(w[i]);
    printf("\n");
    fun(w,a);
    printf("The A string:\n");
    printf("%s",a);
    printf("\n\n");
    out=fopen ("out.dat","w");
    fprintf(out, "%s", a);
    fclose (out );
}
```

★★

第 60 题

请编写函数 fun，该函数的功能是：删去一维数组中所有相同的数，使之只剩一个。数组中的数已按由小到大的顺序排列，函数返回删除后数组中数据的个数。

例如，若一维数组中的数据是：

2 2 2 3 4 4 5 6 6 6 6 7 7 8 9 9 10 10 10

删除后，数组中的内容应该是：

2 3 4 5 6 7 8 9 10

注意：部分源程序给出如下。

请勿改动主函数 main 和其他函数中的任何内容，仅在函数 fun 的花括号中填入所编写的若干语句。

试题程序：

```
# include <stdio.h>
# define N 80
int fun(int a[], int n)
{


}
main()
```

```
{
    int a[N]={2,2,2,3,4,4,5,6,6,6,6,7,7,8,9,9,10,10,10,10}, i,n=20;
    FILE *out ;
    printf("The original data :\n");
    for(i=0; i<n; i++)
        printf("%3d",a[i]);
    n=fun(a,n);
    printf("\n\nThe data after deleted :\n");
    out=fopen ("out.dat","w");
    for(i=0;i<n;i++)
    {
        printf("%3d",a[i]);
        fprintf(out, "%d\n", a[i]);
    }
    fclose (out );
    printf("\n\n");
}
```

★★★

第 61 题

请编写函数 fun，该函数的功能是：统计各年龄段的人数。N 个年龄通过调用随机函数获得，并放在主函数的 age 数组中；要求函数把 0 至 9 岁年龄段的人数放在 d[0]中，把 10 至 19 岁年龄段的人数放在 d[1]中，把 20 至 29 岁年龄段的人数放在 d[2]中，其余依此类推，把 100 岁（含 100）以上年龄的人数都放在 d[10]中。结果在主函数中输出。

注意：部分源程序给出如下。

请勿改动主函数 main 和其他函数中的任何内容，仅在函数 fun 的花括号中填入所编写的若干语句。

试题程序：

```
#include <stdio.h>
#define  N  50
#define  M  11
void fun(int *a, int *b)
{


}
double rnd()
{
    static t=29, c=217, m=1024, r=0;
    r=(r*t+c)%m;
```

```
        return((double)r/m);
    }
main()
{
    int  age[N], i, d[M];
    FILE *out ;
    for(i=0;  i<N;  i++)
         age[i]=(int)(115*rnd());
    printf("The original data :\n");
    for(i=0;  i<N;  i++)
         printf((i+1)%10==0?"%4d\n":"%4d",age[i]);
    printf("\n\n");
    fun( age,  d);
    out=fopen ("out.dat","w");
    for(i=0;i<10;i++)
    {
         printf("%4d---%4d  : %4d\n", i*10, i*10+9, d[i]);
         fprintf(out, "%4d---%4d  : %4d\n", i*10, i*10+9, d[i]);
    }
    printf(" Over  100 : %4d\n", d[10]);
    fprintf(out, " Over  100 : %4d\n", d[10]);
    fclose (out );
}
```

☆☆☆☆☆☆☆☆☆☆☆☆☆☆☆☆☆☆☆☆☆☆☆☆☆☆☆☆☆☆☆☆☆☆☆☆

第 62 题

请编写函数 fun，该函数的功能是：统计一行字符串中单词的个数，作为函数值返回。一行字符串在主函数中输入，规定所有单词由小写字母组成，单词之间由若干个空格隔开，一行的开始和结束都没有空格。

注意：部分源程序给出如下。

请勿改动主函数 main 和其他函数中的任何内容，仅在函数 fun 的花括号中填入所编写的若干语句。

试题程序：

```
#include <stdio.h>
#include <string.h>
#define  N 80
int  fun(char *s)
{
```

```
}
main()
{
    char  line[N];
    int  num=0;
    FILE *out;
    char *test[] = {"Hello  World!", "This is a  test   string.",
        "a   b", "cde f g,sf  l"};
    printf("Enter a string :\n");
    gets(line);
    num=fun( line );
    printf("The number of word is : %d\n\n",num);
    out=fopen("out.dat", "w");
    for(num=0;num<4;num++)
        fprintf(out, "%d\n", fun(test[num]));
    fclose(out);
}
```

★★★

第 63 题

请编写一个函数 fun，它的功能是：计算并输出给定整数 n 的所有因子（不包括 1 与自身）之和。规定 n 的值不大于 1000。

例如，若主函数从键盘给 n 输入的值为 856，则输出为 sum=763。

注意：部分源程序给出如下。

请勿改动主函数 main 和其他函数中的任何内容，仅在函数 fun 的花括号中填入所编写的若干语句。

试题程序：

```
#include <stdio.h>
int fun(int n)
{

}
main()
{
    int  n,sum;
    FILE *out ;
    printf("Input n:  ");
    scanf("%d",&n);
    sum=fun(n);
```

```
    printf("sum=%d\n",sum);
    out=fopen ("out.dat","w");
    fprintf(out, "%d\n", fun(123));
    fprintf(out, "%d\n", fun(456));
    fprintf(out, "%d\n", fun(789));
    fprintf(out, "%d\n", fun(147));
    fprintf(out, "%d", fun(258));
    fclose (out );
}
```

★★★

第 64 题

请编写函数 fun，其功能是：将 s 所指字符串中 ASCII 值为奇数的字符删除，串中剩余字符形成一个新串放在 t 所指的数组中。

例如，若 s 所指字符串中的内容为 ABCDEFG12345，其中字符 A 的 ASCII 码值为奇数、...、字符 1 的 ASCII 码值也为奇数、...都应当删除，其他依次类推。最后 t 所指的数组中的内容应是 BDF24。

注意：部分源程序给出如下。

请勿改动主函数 main 和其他函数中的任何内容，仅在函数 fun 的花括号中填入所编写的若干语句。

试题程序：

```
#include <conio.h>
#include <stdio.h>
#include <string.h>
void fun( char *s, char t[])
{


}
main()
{
    char  s[100],  t[100], Msg[] = "Please enter string S:";
    FILE *out ;
    printf(Msg);
    scanf("%s", s);
    fun(s, t);
    printf("\nThe result is :%s\n", t);
    out=fopen ("out.dat","w");
    fun(Msg, t);
    fprintf(out, "%s", t);
```

```
        fclose (out );
}
```

★★

第 65 题

请编写函数 fun，其功能是：将两个两位数的正整数 a、b 合并形成一个整数放在 c 中。合并的方式是：将 a 数的十位和个位数依次放在 c 数的百位和个位上，b 数的十位和个位数依次放在 c 数的十位和千位上。

例如，当 a=45，b=12，调用该函数后，c=2415。

注意：部分源程序给出如下。

请勿改动主函数 main 和其他函数中的任何内容，仅在函数 fun 的花括号中填入所编写的若干语句。

试题程序：

```
#include <conio.h>
#include <stdio.h>
void fun (int a, int b, long *c )
{


}
main ()
{
    int  a, b;
    long c;
    FILE *out ;
    printf ("Input a, b;");
    scanf ("%d%d", &a, &b);
    fun (a, b, &c);
    printf ("The result is : %ld\n", c);
    out=fopen ("out.dat","w");
    for (a = 20; a < 50; a+=3)
    {
        fun(a, 109-a, &c);
        fprintf(out, "%ld\n", c);
    }
    fclose (out );
}
```

★★

第 66 题

假定输入的字符串中只包含字母和*号。请编写函数 fun，它的功能是：删除字符串中所有的*号。在编写函数时，不得使用 C 语言提供的字符串函数。

例如，若字符串中的内容为****A*BC*DEF*G*******，删除后，字符串中的内容则应当是 ABCDEFG。

注意：部分源程序给出如下。

请勿改动主函数 main 和其他函数中的任何内容，仅在函数 fun 的花括号中填入所编写的若干语句。

试题程序：

```c
#include <stdio.h>
#include <conio.h>
#include <string.h>
void fun( char *a )
{

}
main()
{
    char s[81];
    FILE *out ;
    printf("Enter a string:\n");
    gets(s);
    fun( s );
    printf("The string after deleted:\n");
    puts(s);
    out=fopen ("out.dat","w");
    strcpy(s, "****A*BC*D*EF**G*******");
    fun(s);
    fprintf(out, "%s", s);
    fclose (out );
}
```

★★★

第 67 题

学生的记录由学号和成绩组成，N 名学生的数据已在主函数中放入结构体数组 s 中，请编写函数 fun，它的功能是：函数返回指定学号的学生数据，指定的学号在主函数中输入。若没找到指定学号，在结构体变量中给学号置空串，给成绩置-1，作为函数值返回（用于字符串比较的函数是 strcmp）。

注意：部分源程序给出如下。

请勿改动主函数 main 和其他函数中的任何内容，仅在函数 fun 的花括号中填入所编写的若干语句。

试题程序：

```c
#include  <stdio.h>
#include  <string.h>
#define    N  16
typedef   struct
{
    char  num[10];
    int   s;
} STREC;
STREC  fun ( STREC  *a,  char  *b )
{

}
main ()
{
    STREC  s[N]= {{"GA005",85}, {"GA003",76}, {"GA002",69}, {"GA004",85},
        {"GA001",91}, {"GA007",72}, {"GA008",64}, {"GA006",87},
        {"GA015",85}, {"GA013",91}, {"GA012",64}, {"GA014",91},
        {"GA011",77}, {"GA017",64}, {"GA018",64}, {"GA016",72}};
    STREC  h;
    char  m[10];
    int  i; FILE  *out;
    printf ( "The original data :\n" );
    for (i=0;  i<N;  i++)
    {
        if ( i%4==0 ) printf ("\n");
        printf ("%s  %3d", s[i]. num, s[i]. s);
    }
    printf ("\n\nEnter  the  number : ");
    gets ( m );
    h=fun ( s, m );
    printf ( " The  data : " );
    printf ( "\n%s  %4d\n", h . num, h . s );
    printf ( "\n" );
    out=fopen ("out.dat", "w");
    h=fun ( s, "GA013" );
```

```
        fprintf (out, "%s  %4d\n", h . num, h . s);
        fclose (out );
    }
```

★★

第 68 题

请编写函数 fun，其功能是：计算并输出下列多项式值：

$$S_n=1+1/1!+1/2!+1/3!+1/4!+\cdots+1/n!$$

例如，若主函数从键盘给 n 输入 15，则输出为 S=2.718282。

注意：n 的值要求大于 1 但不大于 100。部分源程序给出如下。

请勿改动主函数 main 和其他函数中的任何内容，仅在函数 fun 的花括号中填入所编写的若干语句。

试题程序：

```
#include <stdio.h>
double fun(int  n)
{


}
main()
{
    int n;
    double s;
    FILE  *out;
    printf("Input n: ");
    scanf("%d",&n);
    s=fun(n);
    printf("s=%f\n",s);
    out=fopen ("out.dat", "w");
    for (n = 10; n < 15; n++)
        fprintf(out, "%f\n", fun(n));
    fclose (out );
}
```

★★

第 69 题

请编写函数 fun，它的功能是：求 Fibonacci 数列中大于 t（t>3）的最小的一个数，结果由函数返回。其中 Fibonacci 数列 F（n）的定义为：

$$F(0)=0，F(1)=1$$
$$F(n)=F(n-1)+F(n-2)$$

假如：当 t=1000 时，函数值为 1597。

注意：部分源程序给出如下。

请勿改动主函数 main 和其他函数中的任何内容，仅在函数 fun 的花括号中填入所编写的若干语句。

试题程序：

```
#include <conio.h>
#include <math.h>
#include <stdio.h>
int fun (int t)
{


}
main()
{
    int n;
    FILE  *out;
    n=1000;
    printf("n=%d,f=%d\n",n,fun(n));
    out=fopen ("out.dat", "w");
    for (n = 500; n < 3000; n+=500)
        fprintf(out, "%d\n", fun(n));
    fclose (out );
}
```

★★★

第 70 题

编写函数 fun，它的功能是：计算并输出下列级数和：

$$S = \frac{1}{1 \times 2} + \frac{1}{2 \times 3} + \cdots + \frac{1}{n(n+1)}$$

例如，当 n=10 时，函数值为 0.909091。

注意：部分源程序给出如下。

请勿改动主函数 main 和其他函数中的任何内容，仅在函数 fun 的花括号中填入所编写的若干语句。

试题程序：

```
#include <conio.h>
#include <stdio.h>
double fun( int n )
{
```

```
}
main()
{
    int i;
    FILE  *out;
    printf("%f\n",fun(10));
    out=fopen ("out.dat", "w");
    for (i = 5; i < 10; i++)
        fprintf(out, "%f\n", fun(i));
    fclose (out );
}
```

☆☆☆☆☆☆☆☆☆☆☆☆☆☆☆☆☆☆☆☆☆☆☆☆☆☆☆☆☆☆☆☆☆☆☆☆☆☆

第 71 题

请编写函数 fun，其功能是：将两个两位正整数 a、b 合并形成一个整数放在 c 中。合并的方式是：将 a 数的十位和个位数依次放在 c 数的十位和千位上，b 数十位和个位数依次放在 c 数的百位和个位上。

例如，当 a=45，b=12，调用该函数后，c=5142。

注意：部分源程序给出如下。

请勿改动主函数 main 和其他函数中的任何内容，仅在函数 fun 的花括号中填入所编写的若干语句。

试题程序：

```
#include <conio.h>
#include <stdio.h>
void fun(int a, int b, long *c)
{

}
main()
{
    int a,b;
    long c;
    FILE  *out;
    printf(" Input a, b: ");
    scanf("%d%d", &a,&b);
    fun(a,b,&c);
    printf(" The result is :%ld\n", c);
    out=fopen ("out.dat", "w");
```

260

```
        for (a = 21; a < 51; a+=3)
        {
                fun(a, 109-a, &c);
                fprintf(out, "%ld\n", c);
        }
        fclose (out );
}
```

✫✫

第 72 题

请编写函数 fun，其功能是：将 s 所指字符串中下标为偶数的字符删除，串中剩余字符形成的新串放在 t 所指数组中。

例如，当 s 所指字符串中的内容为 ABCDEFGHIJK，则在 t 所指数组中的内容应是：BDFHJ。

注意：部分源程序给出如下。

请勿改动主函数 main 和其他函数中的任何内容，仅在函数 fun 的花括号中填入所编写的若干语句。

试题程序：

```
#include <conio.h>
#include <stdio.h>
#include <string.h>
void fun( char *s, char t[])
{

}
main()
{
    char s[100], t[100], Msg[] = "\nPlease enter string S:";
    FILE  *out;
    printf(Msg);
    scanf("%s", s);
    fun(s,t);
    printf("\nThe result is :%s\n", t);
    out=fopen ("out.dat", "w");
    fun(Msg, t);
    fprintf(out, "%s", t);
    fclose (out );
}
```

✫✫

第 73 题

假定输入的字符串中只包含字母和*号。请编写函数 fun，它的功能是：除了字符串前导和尾部的*号之外，将串中其他*号全部删除。形参 h 已指向字符串中第一个字母，形参 p 已指向字符串中最后一个字母。在编写函数时，不得使用 C 语言提供的字符串函数。

例如，若字符串中的内容为****A*BC*DEF*G********，删除后，字符串中的内容则应当是****ABCDEFG********。

注意：部分源程序给出如下。

请勿改动主函数 main 和其他函数中的任何内容，仅在函数 fun 的花括号中填入所编写的若干语句。

试题程序：

```
#include <stdio.h>
#include <conio.h>
#include <string.h>
void fun( char *a, char *h, char *p)
{

}
main()
{
    char s[81],*t,*f;
    FILE   *out;
    printf("Enter a string:\n");
    gets(s);
    t=f=s;
    while(*t)
         t++;
    t--;
    while(*t=='*')
         t--;
    while(*f=='*')
         f++;
    fun(s,f,t);
    printf("The string after deleted:\n");
    puts(s);
    out=fopen ("out.dat", "w");
    strcpy(s, "****A*BC*DEF*G********");
    fun(s, s+4, s+13);
    fprintf(out, "%s", s);
```

```
        fclose (out );
}
```

☆☆☆☆☆☆☆☆☆☆☆☆☆☆☆☆☆☆☆☆☆☆☆☆☆☆☆☆☆☆☆☆☆☆☆

第 74 题

学生的记录由学生和成绩组成，N 名学生的数据已在主函数中放入结构体数组 s 中，请编写函数 fun，它的功能是：把分数最低的学生数据放在 h 所指的数组中，注意：分数最低的学生可能不止一个，函数返回分数最低的学生的人数。

注意：部分源程序给出如下。

请勿改动主函数 main 和其他函数中的任何内容，仅在函数 fun 的花括号中填入所编写的若干语句。

试题程序：

```c
#include <stdio.h>
#define    N 16
typedef  struct
{
    char  num[10];
    int   s;
} STREC;
int  fun ( STREC *a, STREC *b )
{

}
main ()
{
    STREC  s[N]= {{"GA05",85}, {"GA03",76}, {"GA02",69}, {"GA04",85},
    {"GA01",91}, {"GA07",72}, {"GA08",64}, {"GA06", 87},
    {"GA015",85}, {"GA013",91}, {"GA012",64}, {"GA014",91},
    {"GA011",91}, {"GA017",64}, {"GA018",64}, {"GA016",72}};
    STREC  h[N];
    int  i, n;
    FILE  *out;
    n=fun ( s, h );
    printf ("The %d lowest score :\n", n);
    for (i=0;  i<n;  i++)
        printf ("%s %4d\n", h[i]. num, h[i]. s);
    printf ("\n");
    out=fopen ("out.dat", "w");
    fprintf (out, "%d\n", n);
```

263

```
        for (i=0;  i<n;  i++)
              fprintf (out, "%4d\n", h[i].s);
        fclose (out );
    }
```

✶✶✶

第 75 题

请编写函数 fun，该函数的功能是：将 M 行 N 列的二维数组中的数据，按列的顺序依次放到一维数组中。一维数组中数据的个数存放在形参 n 所指的存储单元中。

例如，若二维数组中的数据为：

        33 33 33 33

        44 44 44 44

        55 55 55 55

则一维数组中的内容应是：

    33 44 55 33 44 55 33 44 55 33 44 55

注意：部分源程序给出如下。

请勿改动主函数 main 和其他函数中的任何内容，仅在函数 fun 的花括号中填入所编写的若干语句。

试题程序：

```c
#include <stdio.h>
void fun(int  (*s)[10], int *b, int *n, int mm, int nn)
{


}
main()
{
    int w[10][10] = {{33,33,33,33},{44,44,44,44},{55,55,55,55}}, i, j ;
    int a[100] = {0}, n = 0 ;
    FILE  *out;
    printf("The matrix:\n") ;
    for(i = 0 ; i < 3 ; i++)
    {
        for(j = 0 ; j < 4 ; j++)
                printf("%3d",w[i][j]) ;
        printf("\n") ;
    }
    fun(w, a, &n, 3, 4) ;
    out=fopen ("out.dat", "w");
    printf("The A array:\n") ;
```

```
        for(i = 0 ; i < n ; i++)
        {
                printf("%3d",a[i]);
                fprintf(out, "%d\n",a[i]);
        }
        printf("\n\n") ;
        fclose (out );
}
```

★★★

第 76 题

请编写函数 fun，其功能是：计算并输出当 x<0.97 时下列多项式的值，直到 $|S_n-S_{n-1}|<0.000001$ 为止。

$$S_n = 1 + 0.5x + \frac{0.5(0.5-1)}{2!}x^2 + \frac{0.5(0.5-1)(0.5-2)}{3!}x^3 + \cdots + \frac{0.5(0.5-1)(0.5-2)\cdots(0.5-n+1)}{n!}x^n$$

例如，若主函数从键盘给 x 输入 0.21 后，则输出为 s=1.100000。

注意：部分源程序给出如下。

请勿改动主函数 main 和其他函数中的任何内容，仅在函数 fun 的花括号中填入所编写的若干语句。

试题程序：

```
#include <stdio.h>
#include <math.h>
double fun(double  x)
{

}
main()
{
    int i;
    double  x,s;
    FILE  *out;
    printf("Input x:  ");
    scanf("%lf",&x);
    s=fun(x);
    printf("s=%f\n",s);
    out=fopen ("out.dat", "w");
    for (i = 20; i < 30; i++)
        fprintf(out, "%f\n", fun(i/100.0));
    fclose (out );
```

　　}

★★

第 77 题

　　请编写函数 fun，其功能是：将两个两位数的正整数 a、b 合并形成一个整数放在 c 中。合并的方式是：将 a 数的十位和个位数依次放在 c 数的个位和百位上，b 数的十位和个位数依次放在 c 数的十位和千位上。

　　例如，当 a=45，b=12，调用该函数后，c=2514

　　注意：部分源程序给出如下。

　　请勿改动主函数 main 和其他函数中的任何内容，仅在函数 fun 的花括号中填入所编写的若干语句。

　　试题程序：

```c
#include <conio.h>
#include <stdio.h>
void fun(int a,int b , long *c)
{

}
main()
{
    int a,b;
    long c;
    FILE  *out;
    printf("Input a, b:");
    scanf("%d%d",&a, &b);
    fun(a, b, &c);
    printf("The result is :%ld\n", c);
    out=fopen ("out.dat", "w");
    for (a = 22; a < 52; a+=3)
    {
        fun(a, 109-a, &c);
        fprintf(out, "%ld\n", c);
    }
    fclose (out );
}
```

★★

第 78 题

　　请编写函数 fun，其功能是：将 s 所指字符串中 ASCII 值为偶数的字符删除，串中剩余字符形成一个新串放在 t 所指的数组中。

例如，若 s 所指字符串中的内容为 ABCDEFG12345，其中字符 B 的 ASCII 码值为偶数、…、字符 2 的 ASCII 码值为偶数、…都应当删除，其他依此类推。最后 t 所指的数组中的内容应是 ACEG135。

注意：部分源程序给出如下。

请勿改动主函数 main 和其他函数中的任何内容，仅在函数 fun 的花括号中填入所编写的若干语句。

试题程序：

```c
#include <conio.h>
#include <stdio.h>
#include <string.h>
void fun( char *s, char t[])
{


}
main()
{
    char s[100], t[100], Msg[] = "\nPlease enter string S:";
    FILE  *out;
    printf(Msg);
    scanf("%s", s);
    fun(s, t);
    printf("\nThe result is :%s\n", t);
    out=fopen ("out.dat", "w");
    fun(Msg, t);
    fprintf(out, "%s", t);
    fclose (out );
}
```

☆☆

第 79 题

已知学生的记录由学号和学习成绩构成，N 名学生的数据已存入 a 结构体数组中。请编写函数 fun，该函数的功能是：找出成绩最低的学生记录，通过形参返回主函数（规定只有一个最低分）。已给出函数的首部，请完成该函数。

注意：部分源程序给出如下。

请勿改动主函数 main 和其他函数中的任何内容，仅在函数 fun 的花括号中填入所编写的若干语句。

试题程序：

```c
#include <stdio.h>
```

```
#include <string.h>
#include <conio.h>
#define N 10
typedef struct ss
{
    char num[10];
    int s;
} STU;
void fun( STU a[], STU *s)
{

}
main()
{
    STU a[N]={ {"A01",81},{"A02",89},{"A03",66},{"A04",87},{"A05",77},
    {"A06",90},{"A07",79},{"A08",61},{"A09",80},{"A10",71} }, m ;
    int i;
    FILE  *out;
    printf("**** The original data *****\n");
    for(i=0;i<N; i++)
        printf("NO=%s Mark=%d\n", a[i].num,a[i].s);
    fun( a,&m);
    printf("***** THE RESULT *****\n");
    printf(" The lowest : %s ,%d\n", m.num, m.s);
    out=fopen ("out.dat", "w");
    fprintf(out, "%s\n%d", m.num, m.s);
    fclose (out );
}
```

☆☆

第 80 题

程序定义了 N×N 的二维数组，并在主函数中自动赋值。请编写函数 fun(int a[][N]，int n)，该函数的功能是：使数组左下半三角元素中的值乘以 n。例如：若 n 的值为 3，a 数组中的值为

$$a=\begin{vmatrix}1 & 9 & 7\\2 & 3 & 8\\4 & 5 & 6\end{vmatrix} \text{则返回主程序后 a 数组中的值应为} \begin{vmatrix}3 & 9 & 7\\6 & 9 & 8\\12 & 15 & 18\end{vmatrix}。$$

注意：部分源程序给出如下。

　　请勿改动主函数 main 和其他函数中的任何内容，仅在函数 fun 的花括号中填入所编写的若干语句。

　　试题程序：

```
#include <stdio.h>
#include <conio.h>
#include <stdlib.h>
#define N 5
void  fun ( int a[][N], int n )
{


}
main()
{
    int a[N][N], n, i, j;
    FILE  *out;
    printf("***** The array *****\n");
    for ( i=0; i<N; i++)
    {
        for(j=0; j<N; j++)
        {
            a[i][j]=rand()%10;
            printf("%4d",a[i][j]);
        }
        printf("\n");
    }
    n = rand()%4;
    printf("n = %4d\n", n);
    fun ( a, n );
    printf("***** THE RESULT *****\n");
    for(i=0;i<N;i++)
    {
        for ( j=0; j<N; j++ )
            printf( "%4d", a[i][j] );
        printf("\n");
    }
    out=fopen ("out.dat", "w");
    for ( i=0; i<N; i++)
        for(j=0; j<N; j++)
            a[i][j]=i*j+1;
```

```
    fun(a, 9);
    for(i=0;i<N;i++)
    {
        for ( j=0; j<N; j++ )
                fprintf(out, "%4d", a[i][j] );
        fprintf(out, "\n");
    }
    fclose (out );
}
```

★★★

第 81 题

请编写函数 fun，其功能是：将两个两位数的正整数 a、b 合并形成一个整数放在 c 中。合并的方式是：将 a 数的十位和个位数依次放在 c 数的百位和个位上，b 数的十位和个位数依次放在 c 数的千位和十位上。

例如，当 a=45，b=12，调用该函数后，c=1425。

注意：部分源程序给出如下。

请勿改动主函数 main 和其他函数中的任何内容，仅在函数 fun 的花括号中填入所编写的若干语句。

试题程序：

```
#include <conio.h>
#include <stdio.h>
void fun (int a, int b, long *c)
{

}
main ()
{
    int a, b;
    long c;
    FILE *out;
    printf ("Input a, b:");
    scanf ("%d%d", &a, &b);
    fun ( a, b, &c );
    printf ("The result is: %ld\n", c);
    out=fopen ("out.dat", "w");
    for (a = 0; a < 10; a++)
    {
        fun(a+28, a+82, &c);
```

```
        fprintf(out, "%ld\n", c);
    }
    fclose (out );
}
```

★★★

第 82 题

请编写一个函数 fun，它的功能是：计算 n 门课程的平均分，计算结果作为函数值返回。

例如：若有 5 门课程的成绩是：90.5，72，80，61.5，55，则函数的值为 71.80。

注意：部分源程序给出如下。

请勿改动主函数 main 和其他函数中的任何内容，仅在函数 fun 的花括号中填入所编写的若干语句。

试题程序：

```
#include <stdio.h>
float fun ( float *a, int n )
{


}
main()
{
    float score[30]={90.5,72,80,61.5,55}, aver;
    FILE  *out;
    aver=fun(score,5);
    printf("\nAverage score is :%5.2f\n",aver);
    out=fopen ("out.dat", "w");
    fprintf(out, "%5.2f",aver);
    fclose (out );
}
```

★★★

第 83 题

假定输入的字符串中只包含字母和*号。请编写函数 fun，它的功能是：将字符串尾部的*号全部删除，前面和中间的*号不删除。

例如，若字符串中的内容为****A*BC*DEF*G*******，删除后，字符串中的内容则应当是****A*BC**DEF*G。在编写函数时，不得使用 C 语言提供的字符串函数。

注意：部分源程序给出如下。

请勿改动主函数 main 和其他函数中的任何内容，仅在函数 fun 的花括号中填入所编写的若干语句。

试题程序：

```
#include <stdio.h>
#include <conio.h>
#include <string.h>
void fun( char *a)
{


}
main()
{
    char s[81];
    FILE  *out;
    printf("Enter a string:\n");
    gets(s);
    fun( s );
    printf("The string after deleted:\n");
    puts(s);
    out=fopen ("out.dat", "w");
    strcpy(s, "****A*BC*DE*F*G********");
    fun(s);
    fprintf(out, "%s", s);
    fclose (out );
}
```

☆☆☆☆☆☆☆☆☆☆☆☆☆☆☆☆☆☆☆☆☆☆☆☆☆☆☆☆☆☆☆☆☆☆☆☆☆☆

第 84 题

请编写函数 fun，其功能是：将两个两位数的正整数 a、b 合并形成一个整数放在 c 中。合并的方式是：将 a 数的十位和个位数依次放在 c 数的个位和百位上，b 数的十位和个位数依次在 c 数的千位和十位上。

例如，当 a=45，b=12，调用该函数后，c=1524。

注意：部分源程序给出如下。

请勿改动主函数 main 和其他函数中的任何内容，仅在函数 fun 的花括号中填入所编写的若干语句。

试题程序：

```
#include <conio.h>
#include <stdio.h>
void fun(int a, int b, long *c)
{


}
```

```
main()
{
    int a,b;
    long c;
    FILE  *out;
    printf(" Input a, b: ");
    scanf("%d%d", &a,&b);
    fun(a,b,&c);
    printf(" The result is :%ld\n", c);
    out=fopen ("out.dat", "w");
    for (a = 0; a < 10; a++)
    {
        fun(a+77, a+66, &c);
        fprintf(out, "%ld\n", c);
    }
    fclose (out );
}
```

★★

第 85 题

N 名学生的成绩已在主函数中放入一个带头节点的链表结构中，h 指向链表的头节点。请编写函数 fun，它的功能是：求出平均分，由函数值返回。

例如，若学生的成绩是 85，76，69，85，91，64，87；则平均分应当是 78.625。

注意：部分源程序给出如下。

请勿改动主函数 main 和其他函数中的任何内容，仅在函数 fun 的花括号中填入所编写的若干语句。

试题程序：

```
#include  <stdio.h>
#include  <stdlib.h>
#define   N  8
struct  slist
{
    double   s;
    struct  slist  *next;
};
typedef  struct  slist  STREC;
double  fun ( STREC  *h )
{
```

```
    }
STREC * creat ( double *s )
{
    STREC  *h, *p, *q;
    int  i=0;
    h=p=( STREC* ) malloc (sizeof (STREC ) );
    p->s=0;
    while ( i<N )
    {
        q=( STREC* ) malloc (sizeof ( STREC ) );
        q->s=s[i];
        i++;
        p->next=q;
        p=q;
    }
    p->next=0;
    return  h;
}
outlist ( STREC *h )
{
    STREC  *p;
    p=h->next;
    printf ( " head " );
    do
    {
        printf ( "->%4.1f", p->s );
        p=p->next;
    }
    while ( p!=0 );
    printf ( "\n\n" );
}
main ()
{
    double  s[N]={85, 76, 69, 85, 91, 72, 64, 87}, ave;
    STREC *h;
    FILE *out;
    h=creat ( s );
    outlist (h);
    ave=fun ( h );
```

```
    printf ( "ave= %6.3f\n", ave );
    out=fopen ("out.dat", "w");
    fprintf (out, "%6.3f", ave );
    fclose (out );
}
```

★★

第 86 题

请编写函数 fun，其功能是：计算并输出给定 10 个数的方差：

$$S = \sqrt{\frac{1}{10}\sum_{k=1}^{10}(x_k - x')^2} \ \text{其中，} \ x' = \frac{1}{10}\sum_{k=1}^{10} x_k。$$

例如，给定的 10 个数为 95.0、89.0、76.0、65.0、88.0、72.0、85.0、81.0、90.0、56.0，则输出为 S=11.730729。

注意：部分源程序给出如下。

请勿改动主函数 main 和其他函数中的任何内容，仅在函数 fun 的花括号中填入所编写的若干语句。

试题程序：

```
#include <stdio.h>
#include <math.h>
double fun(double x[10])
{

}
main()
{
    double s, x[10]= {95.0,89.0,76.0,65.0,88.0,72.0,85.0,81.0,90.0,56.0};
    int i;
    FILE *out;
    printf("\nThe original data is :\n");
    for(i=0;i<10;i++)
        printf("%6.1f",x[i]);
    printf("\n\n");
    s=fun(x);
    printf("s=%f\n\n",s);
    out=fopen ("out.dat", "w");
    fprintf (out, "%f", s);
    fclose (out );
}
```

☆☆☆☆☆☆☆☆☆☆☆☆☆☆☆☆☆☆☆☆☆☆☆☆☆☆☆☆☆☆☆☆☆☆☆

第 87 题

请编写函数 fun，其功能是：将两个丙位数的正整数 a、b 合并形成一个整数放在 c 中。合并的方式是：将 a 数的十位和个位数依次放在 c 数的千位和十位上，b 数的十位和个位数依次放在 c 数的个位和百位上。

例如，当 a=45，b=12，调用该函数后，c=4251。

注意：部分源程序给出如下。

请勿改动主函数 main 和其他函数中的任何内容，仅在函数 fun 的花括号中填入所编写的若干语句。

试题程序：

```c
#include  <conio.h>
#include  <stdio.h>
void fun (int a, int b, long *c)
{


}
main ()
{
    int  a, b;
    long  c;
    FILE *out;
    printf ("Input  a,  b:");
    scanf ("%d%d", &a,  &b);
    fun ( a, b, &c );
    printf ("The  result  is:  %ld\n",  c);
    out=fopen ("out.dat", "w");
    for (a = 0; a < 10; a++)
    {
        fun(a+44, a+55, &c);
        fprintf(out, "%ld\n", c);
    }
    fclose (out );
}
```

☆☆☆☆☆☆☆☆☆☆☆☆☆☆☆☆☆☆☆☆☆☆☆☆☆☆☆☆☆☆☆☆☆☆☆

第 88 题

假定输入的字符串中只包含字母和*号。请编写函数 fun，它的功能是：除了字符串前导的*号之外，将串中其他*号全部删除。在编写函数时，不得使用 C 语言提供的字符串函数。

例如，若字符串中的内容为****A*BC*DEF*G*******，删除后，字符串中的内容则应当是****ABCDEFG。

注意：部分源程序给出如下。

请勿改动主函数 main 和其他函数中的任何内容，仅在函数 fun 的花括号中填入所编写的若干语句。

试题程序：

```c
#include <string.h>
#include <stdio.h>
#include <conio.h>
void fun(char *a)
{


}
main()
{
    char  s[81];
    FILE *out;
    printf("Enter a string :\n");
    gets(s);
    fun( s );
    printf("The string after deleted:\n");
    puts(s);
    out=fopen ("out.dat", "w");
    strcpy(s, "****A*BC*DEF*G*******");
    fun(s);
    fprintf(out, "%s", s);
    fclose (out );
}
```

☆☆

第 89 题

学生的记录由学号和成绩组成，N 名学生的数据已在主函数中放入结构体数组 s 中，请编写函数 fun，它的功能是：把高于等于平均分的学生数据放在 b 所指的数组中，高于等于平均分的学生人数通过形参 n 传回，平均分通过函数值返回。

注意：部分源程序给出如下。

请勿改动主函数 main 和其他函数中的任何内容，仅在函数 fun 的花括号中填入所编写的若干语句。

试题程序：

```
#include <stdio.h>
#define N 12
typedef struct
{
    char num [10];
    double s;
}STREC;
double fun ( STREC *a, STREC *b, int *n )
{

}
main ()
{
    STREC s[N]={{"GA05",85}, {"GA03",76}, {"GA02",69}, {"GA04",85},
            {"GA01",91}, {"GA07",72}, {"GA08",64}, {"GA06",87},
            {"GA09",60}, {"GA11",79}, {"GA12",73}, {"GA10",90}};
    STREC h [N], t;
    FILE *out ;
    int i,j,n;
    double ave;
    ave=fun ( s, h, &n );
    printf ( "The %d student data which is higher than %7.3f:\n", n, ave);
    for ( i=0; i<n; i++ )
            printf ("%s  %4.1f\n", h[i]. num, h[i]. s);
    printf ("\n");
    out=fopen("out.dat","w");
    fprintf(out,"%d\n%7.3f\n", n, ave);
    for(i=0;i<n-1;i++)
            for(j=i+1;j<n;j++)
                    if(h[i].s<h[j].s)
                    {
                            t=h[i] ;
                            h[i]=h[j];
                            h[j]=t;
                    }
    for(i=0;i<n; i++)
            fprintf(out, "%4.1f\n",h[i].s);
    fclose(out);
}
```

278

★★★

第 90 题

请编写函数 fun，其功能是：计算并输出下列多项式值：

$$S_n = (1 - \frac{1}{2}) + (\frac{1}{3} - \frac{1}{4}) + \cdots + (\frac{1}{2n-1} - \frac{1}{2n})$$

例如，若主函数从键盘给 n 输入 8 后，则输出为 S=0.662872。

注意：n 的值要求大于 1 但不大于 100。部分源程序给出如下。

请勿改动主函数 main 和其他函数中的任何内容，仅在函数 fun 的花括号中填入所编写的若干语句。

试题程序：

```c
#include <stdio.h>
double fun(int n)
{


}
main()
{
    int  n;
    double  s;
    FILE  *out ;
    printf("\nInput n:  ");
    scanf("%d",&n);
    s=fun(n);
    printf("\ns=%f\n",s);
    out=fopen("out.dat","w");
    for (n = 5; n < 10; n++)
        fprintf(out, "%f\n", fun(n));
    fclose(out);
}
```

★★★

第 91 题

请编写函数 fun，其功能是：将两个两位数的正整数 a、b 合并形成一个整数放在 c 中。合并的方式是：将 a 数的十位和个位数依次放在 c 数的十位和千位上，b 数的十位和个位数依次放在 c 数的个位和百位上。

例如，当 a=45，b=12，调用该函数后，c=5241。

注意：部分源程序给出如下。

请勿改动主函数 main 和其他函数中的任何内容，仅在函数 fun 的花括号中填入所编写的若干语句。

试题程序：

```
#include <conio.h>
#include <stdio.h>
void fun(int a, int b, long *c)
{


}
main()
{
    int a,b;
    long c;
    FILE *out;
    printf(" Input a, b: ");
    scanf("%d%d", &a,&b);
    fun(a,b,&c);
    printf(" The result is :%ld\n", c);
    out=fopen("out.dat","w");
    for (a = 0; a < 10; a++)
    {
        fun(a+11, a+22, &c);
        fprintf(out, "%ld\n", c);
    }
    fclose(out);
}
```

☆☆☆

第 92 题

请编写函数 fun，它的功能是计算：

$$s = \sqrt{\ln(1) + \ln(2) + \ln(3) + \cdots + \ln(m)}$$

s 作为函数值返回。

在 C 语言中可调用 log(n)函数求 ln(n)。log 函数的引用说明是：double log（double x）。
例如，若 m 的值为 20，则 fun 函数值为 6.506583。

注意：部分源程序给出如下。

请勿改动主函数 main 和其他函数中的任何内容，仅在函数 fun 的花括号中填入所编写的若干语句。

试题程序：

```
#include <conio.h>
```

```
#include <math.h>
#include <stdio.h>
double  fun( int  m )
{


}
main()
{

    int i;
    FILE *out;
    printf("%f\n",fun(20));
    out=fopen("out.dat","w");
    for (i = 0; i < 10; i++)
        fprintf(out, "%f\n", fun(i+15));
    fclose(out);

}
```

☆☆

第 93 题

请编写函数 fun，它的功能是计算下列级数和，和值由函数值返回。

$$S = 1 + x + \frac{x^2}{2!} + \frac{x^3}{3!} + \cdots + \frac{x^n}{n!}$$

例如，当 n=10，x=0.3 时，函数值为 1.349859。

注意：部分源程序给出如下。

请勿改动主函数 main 和其他函数中的任何内容，仅在函数 fun 的花括号中填入所编写的若干语句。

试题程序：

```
#include <conio.h>
#include <stdio.h>
#include <math.h>
double fun( double x, int n)
{


}
main()
{
    int i;
    FILE *out;
```

```
        printf("%f\n", fun(0.3,10));
        out=fopen("out.dat","w");
        for (i = 0; i < 10; i++)
            fprintf(out, "%f\n", fun((i+4)/10.0, 10));
        fclose(out);
}
```

☆☆☆☆☆☆☆☆☆☆☆☆☆☆☆☆☆☆☆☆☆☆☆☆☆☆☆☆☆☆☆☆☆☆☆☆

第 94 题

规定输入的字符串中只含字母和*号。请编写函数 fun，它的功能是：将字符串中的前导*号全部删除，中间和尾部的*号不删除。

例如，若字符串中的内容为*******A*BC*DEF*G****，删除后，字符串中的内容则应当是 A*BC*DEF*G****。在编写函数时，不得使用 C 语言提供的字符串函数。

注意：部分源程序给出如下。

请勿改动主函数 main 和其他函数中的任何内容，仅在函数 fun 的花括号中填入所编写的若干语句。

试题程序：

```
#include <stdio.h>
#include <conio.h>
#include <string.h>
void fun(char *a)
{

}
main()
{
    char s[81];
    FILE *out;
    printf("Enter a string :\n");
    gets(s);
    fun(s);
    printf("The string after deleted :\n");
    puts(s);
    out=fopen("out.dat","w");
    strcpy(s, "*******A*BC*DEF*G****");
    fun(s);
    fprintf(out, "%s", s);
    fclose(out);
}
```

★★★

第 95 题

假定输入的字符串中只包含字母和*号。请编写函数 fun，它的功能是：使字符串的前导*号不得多于 n 个；若多于 n 个，则删除多余的*号；若少于或等于 n 个，则什么也不做，字符串中间和尾部的*号不删除。

例如，若字符串中的内容为*******A*BC*DEF*G****，假设 n 的值为 4，删除后，字符串中的内容则应当是****A*BC*DEF*G****；若 n 的值为 8，则字符串中的内容仍为*******A*BC*DEF*G****。n 的值在主函数中输入。在编写函数时，不得使用 C 语言提供的字符串函数。

注意：部分源程序给出如下。

请勿改动主函数 main 和其他函数中的任何内容，仅在函数 fun 的花括号中填入所编写的若干语句。

试题程序：

```c
#include <stdio.h>
#include <conio.h>
void fun( char *a, int n )
{

}
main()
{
    char s[81];
    int n;
    FILE *out;
    printf("Enter a string:\n");
    gets (s);
    printf("Enter n: ");
    scanf ("%d",&n);
    fun( s,n );
    printf("The string after deleted:\n");
    puts(s);
    out=fopen("out.dat","w");
    strcpy(s, "*******A*BC*DEF*G****");
    fun(s, 4);
    fprintf(out, "%s", s);
    fclose(out);
}
```

★★★

第 96 题

请编写函数 fun，其功能是：计算并输出给定数组（长度为 9）中每相邻两个元素之平均值的平方根之和。

例如，若给定数组中的 9 个元素依次为 12.0、34.0、4.0、23.0、34.0、45.0、18.0、3.0、11.0，则输出应为 s ＝35.951014。

注意：部分源程序给出如下。

请勿改动主函数 main 和其他函数中的任何内容，仅在函数 fun 的花括号中填入所编写的若干语句。

试题程序：

```c
#include <stdio.h>
#include <math.h>
double fun(double x[9])
{

}
main()
{
    double s,a[9]={12.0,34.0,4.0,23.0,34.0,45.0,18.0,3.0,11.0};
    int i;
    FILE *out;
    printf("\nThe original data is :\n");
    for(i=0;i<9;i++)
        printf("%6.1f",a[i]);
    printf("\n\n");
    s=fun(a);
    printf("s=%f\n\n",s);
    out=fopen("out.dat","w");
    fprintf(out, "%f",s);
    fclose(out);
}
```

☆☆

第 97 题

请编写函数 fun，其功能是：计算并输出下列多项式值：

$$S = 1 + \frac{1}{1+2} + \frac{1}{1+2+3} + \cdots + \frac{1}{1+2+3+\cdots+50}$$

例如，若主函数从键盘给 n 输入 50 后，则输出为 S=1.960784。

注意：n 的值要求大于 1 但不大于 100。部分源程序给出如下。

请勿改动主函数 main 和其他函数中的任何内容，仅在函数 fun 的花括号中填入所编写的若干语句。

试题程序：

```
#include <stdio.h>
double fun(int n)
{


}
main()
{
    int  n;
    double  s;
    FILE *out;
    printf("\nInput n:  ");
    scanf("%d",&n);
    s=fun(n);
    printf("\n\ns=%f\n\n",s);
    out=fopen("out.dat","w");
    for (n = 0; n < 10; n++)
        fprintf(out, "%f\n", fun(n+50));
    fclose(out);
}
```

☆☆☆☆☆☆☆☆☆☆☆☆☆☆☆☆☆☆☆☆☆☆☆☆☆☆☆☆☆☆☆☆☆☆☆☆☆☆☆

第 98 题

请编写函数 fun，它的功能是：计算并输出 n（包括 n）以内能被 5 或 9 整除的所有自然数的倒数之和。

例如，若主函数从键盘给 n 输入 20 后，则输出为 s=0.583333。

注意：n 的值要求不大于 100。部分源程序给出如下。

请勿改动主函数 main 和其他函数中的任何内容，仅在函数 fun 的花括号中填入所编写的若干语句。

试题程序：

```
#include <stdio.h>
double fun(int  n)
{


}
main()
{
```

```
    int n;

    double  s;

    FILE *out;

    printf("\nInput n:  ");

    scanf("%d",&n);

    s=fun(n);

    printf("\n\ns=%f\n",s);

    out=fopen("out.dat","w");

    for (n = 0; n < 10; n++)

        fprintf(out, "%f\n", fun(n+20));

    fclose(out);

}
```

☆☆☆☆☆☆☆☆☆☆☆☆☆☆☆☆☆☆☆☆☆☆☆☆☆☆☆☆☆☆☆☆☆☆☆☆☆☆

第 99 题

请编写函数 fun，其功能是：计算并输出 3 到 n 之间所有素数的平方根之和。

例如，若主函数从键盘给 n 输入 100 后，则输出为 sum=148.874270。

注意：n 的值要大于 2 但不大于 100。部分源程序给出如下。

请勿改动主函数 main 和其他函数中的任何内容，仅在函数 fun 的花括号中填入所编写的若干语句。

试题程序：

```
#include <math.h>

#include <stdio.h>

double fun(int n)

{



}

main()

{

    int n;

    double  sum;

    FILE *out;

    printf("\n\nInput n:  ");

    scanf("%d",&n);

    sum=fun(n);

    printf("\n\nsum=%f\n\n",sum);

    out=fopen("out.dat","w");

    for (n = 0; n < 10; n++)

        fprintf(out, "%f\n", fun(n+80));
```

```
        fclose(out);
    }
```

★★

第100题

请编写函数 fun，其功能是：计算并输出

$$S = 1 + (1+\sqrt{2}) + (1+\sqrt{2}+\sqrt{3}) + \cdots + (1+\sqrt{2}+\sqrt{3}+\cdots+\sqrt{n})$$

例如，若主函数从键盘给 n 输入 20 后，则输出为 s=534.188884。

注意：n 的值要求大于 1 但不大于 100。部分源程序给出如下。

请勿改动主函数 main 和其他函数中的任何内容，仅在函数 fun 的花括号中填入所编写的若干语句。

试题程序：

```c
#include <math.h>
#include <stdio.h>
double fun(int n)
{


}
main()
{
    int   n;
    double  s;
    FILE *out;
    printf("\n\nInput n:  ");
    scanf("%d",&n);
    s=fun(n);
    printf("\n\ns=%f\n\n",s);
    out=fopen("out.dat","w");
    for (n = 0; n < 10; n++)
        fprintf(out, "%f\n", fun(n+20));
    fclose(out);
}
```